修身安心第一法

弘一法师的人生智慧课

高德 著

中华工商联合出版社

图书在版编目（CIP）数据

修身安心第一法 / 高德编著 . -- 北京 : 中华工商联合出版社 , 2019.1

ISBN 978-7-5158-2475-8

Ⅰ . ①修… Ⅱ . ①高… Ⅲ . ①人生哲学—通俗读物 Ⅳ . ① B821-49

中国版本图书馆 CIP 数据核字 (2019) 第 022999 号

修身安心第一法

编　　著：高　德
策划编辑：高学森
责任编辑：马　燕
封面设计：天之赋设计室
责任审读：李　征
责任印制：迈致红
特约策划：付　佳
出版发行：中华工商联合出版社有限责任公司
印　　刷：廊坊市瑞德印刷有限公司
版　　次：2019 年 6 月第 1 版
印　　次：2019 年 6 月第 1 次印刷
开　　本：710mm × 1000mm　1/16
字　　数：72 千字
印　　张：12
书　　号：ISBN 978-7-5158-2475-8
定　　价：45.00 元

服务热线：010-58301130
销售热线：010-58302813
地址邮编：北京市西城区西环广场 A 座 19-20 层，100044
http://www.chgslcbs.cn
E—mail:cicap1202@sina.com(营销中心)
E—mail:gslzbs@sina.com(总编室)

前言

李叔同是集诗、词、书画、篆刻、音乐、戏剧、文学于一身的艺术家，在多个领域，开中华灿烂文化艺术之先河。但就是这样一位艺术造诣深厚的风流才子，在他的事业如日中天之际遁入空门。从此过着青灯黄卷、鱼板梵钟的生活。李叔同出家以后，便告别尘世的一切繁文缛节，过起了孤云野鹤般的云水生涯。他苦心向佛，过午不食，精研律学，弘扬佛法，普度众生出苦海，被佛门弟子奉为律宗第十一代世祖。

李叔同修行，不仅修得出家人的慈悲，更修得一份淡定的人生智慧。他以慈悲之心度化世人，以智慧开导众生。

林子青概括说："李叔同的佛学思想体系，是以华严为镜，四分律为行，导归净土为果的。也就是说，他研究的是华严，修身律己弘扬的是律行，崇信的是净土法门。他对晋唐诸译的《华严经》有精深的研究。曾著有《华严集联三百》，可以窥见其用心之一斑。"

现代人身处国泰民安的社会，享受着高科技带来的舒适、便利的智能新生活，却再难找到古人那种宁静平和的恬淡心境了。古人云："人不自由，毋宁死。"现代人可以获得那么多自由，为什么却仍然活在孤独寂寞中？红尘缱绻，其实就在一念之间。追随本心，体味热闹中的繁华，喧嚣中的沉寂，让整个身心都品上一口淡茶，在喧嚣的尘世中安静下来，只需静下心来。

莫说红尘缱绻能到永久，人生本过客，何必千千结。

对于很多人来说，修养德行越来越成为一种生活的态度和方式，让我们看待人、事、物的角度也因此宽广了许多，在生活上如此，婚姻、家庭、亲子关系莫不如此。

本书用平实的语言为您解读李叔同的人生禅卷，带您领略人生智慧，提升灵性，远离浮躁，让您的内心更强大。

李叔同修得一颗宁静之心，就让我们跟随他的指引，领会他的静心淡泊、旷达安然，找到灵魂的栖息地，得失随缘，宠辱不惊，达到“梅开雪落寻常事，一荣一枯伴春秋”之境吧！

目录

第四课——给自己（二）

第五课——给自己（三）

第六课——懂珍惜

第七课——控情绪

第八课——能宽容

第九课——学“舍”“得”

第十课——近情感

第一课——给世间（一）

花繁柳密处拨得开，风狂雨骤时立得定

花繁柳密处拨得开，方见手段；风狂雨骤时立得定，才是脚跟。

李叔同曾说过：“花繁柳密处拨得开，方见手段；风狂雨骤时立得定，才是脚跟。”“花繁柳密处拨得开”指事情繁多密集、漫无头绪的时候能拨开迷雾不受束缚。繁华游乐之地，意指五欲六尘享受的诱惑。无论是物欲红尘巨大的诱惑，还是事情忙碌繁杂的时候，都会使我们心神不安，躁动迷乱，影响我们的清净智慧。这种时候如果能把某种境遇看破，拨的开，没有障碍，在花繁叶茂的美景下来去自如，才看出德行的高尚，

才见到手段的高明。这里手段是指处理问题的能力和魄力。

朱熹诗说：“世上无如人欲险，几人到此误平生。”如果没有明确的志向和抱负，没有广阔的胸怀和清醒的头脑，没有教育的理性思维，没有平日修身律己的积累，是很难做得到的。某种境遇没有在眼前时，人人都是君子，似乎没什么难度；只有在某种境遇中才能看出功夫的真假、能力的高低，以及慧剑斩魔的魄力。此时，只有智慧者才能够来去自如，不受束缚。

在优越的生活环境中，能毅然拨开这层层的荣华富贵，走向智慧的人生，才是处理人生顺境最高明的手段。李叔同生于富足人家，加上本身又具备天分与艺术才华，其年轻时代正是穿过一重又一重的“花繁柳密”。深具慧根的法师，能毅然拨开这层层的物欲红尘、花繁柳密，顺境中能承受福分而急流勇退，能在富贵鼎盛时及时脱身，需要非凡的勇气和高远的见识。

古人云：“君子役物，小人役于物”，人之所以痛苦，是所求太多，太繁杂。适当地做一些减法吧，不要被物欲所奴役，拨开虚荣繁华的灌丛，才会真实体验到生命的自由和生命自身的意义！

繁花似锦，柳密如织，但是好景能持续多长时间呢？在狂风急雨、贫困潦倒的环境中能站稳脚跟，不被击倒，才是立场坚定的真君子。当周围环境困窘恶劣时，比如人世中大风大浪的冲击、危险艰难当前的时刻、处境地位产生巨大转换变迁的时候，都会对人的意志造成极大的冲击和考验。这时如果有毅力、有信心，能够立得坚定，做得了主，才是真正的根基稳固。在这个时候，平日的学问积累和道义节操就显得尤为重要。

在顺境中要有洒脱的气概，在逆境中要有坚定的意志。在逆境中，也应尽自己最大的耐力与涵养，保持心境不动，在狂风骤雨中勇敢前行，不自暴自弃，努力为自己找到立足点。人生道路上的艰难曲折很多，在这个时候能够保持正直的品性，不迷乱心智、步入歧途，也不妥协气馁，要比在繁花柳密处抽身而去更见功夫。

处于逆境时，能坚守自己的本心，而不做违反原则的事，是许多人都做不到的。宋神宗赵顼掌国时，苏东坡由堂堂一任太守一夜之间沦为阶下囚犯。面对如此飞来横祸，他还是淡然接受了。哲宗之初，神宗之母高太后摄政，他居然一跃而“入奉禁严”，青云直上。可七年后老太后突然弃世，他又如瀑布跌渊一样，立即被贬，直至流放到海南岛。

在顺境的时候沾沾自喜、得意忘形，在逆境时唉声叹气、自怨自艾，是人之常情。加官晋爵的人大多都会敲锣打鼓喜气洋洋地赴任；削官遭贬的，多半是垂头丧气、伤着心、灰着脸离开。李白直招入宫时，他是“仰天大笑出门去”的，被“发银谴还”时，他就“拔剑四顾心茫然”了。苏东坡似乎不食人间烟火，升官的时候没见他表现得多开心，流放时也看不出来他有什么悲伤的情绪，贬谪黄州后，他只能靠着军营东坡那一块荆棘丛生、瓦砾遍布的无主荒地自耕自食，过着自给自足的日子，每日节衣缩食尚且捉襟见肘，他还两次载酒夜行，与好友一起游赤壁，“诵明月之诗，歌窈窕之章”，饮酒赏乐，偃仰醉卧，侣鱼虾而友麋鹿，沐明月而浴清风，看上去根本不像一个穷困潦倒的废太守，而是一个富足闲适、优哉游哉的老贵族。

也就是在那个时候，他写出了最好的诗词：“夜饮东坡醒复醉，归来仿佛三更。家童鼻息已雷鸣。敲门都不应，倚仗听江声。长恨此身非我有，何时忘却营营。夜阑风静縠纹平。小舟从此逝，江海寄余生。”

苏东坡夜饮的原因，流传着诸多说法，有种说法是认为他“借酒浇愁”。这其实是不全面的，酒虽然可以麻痹人的神经，让人暂时把烦恼抛到脑后，但在这里酒充当的更多的是开拓心胸、调动神思的作用；它暂时掩蔽了现实世界，并且把人的精神超脱带入理想世界。苏东坡的精神境界和自持力足以对付人和困苦忧愁，根本不需要假借外物，他从来不像刘伶、阮咸那样醉生梦死地饮酒，便是最强有力的证据。

每个人都有自己的理想和追求，但残忍的是，并不是所有事都能心想事成，事物的发展往往是好事多磨，春风得意时少，失败失落时多。

失也罢，得也罢；喜也罢，哭也罢；欢乐也罢，痛苦也罢；聚也罢，散也罢，只要以平常乐观的心态去面对，品味平淡人生中的快乐，在这份自在中实现自己的生存价值，这样，即使再平凡曲折的人生也会充满幸福与快乐。

生活是一个永远无法倒转回过去的单行道，既已如此走下去，便只能就当下呈现在眼前的，好好地去把握、去运用、去珍惜。能够时时以心转境，而不轻易被环境所转的人，才是真正能主宰自己生命的人。

低调做人，高调做事

有真才者，必不矜才，有实学者，必不夸学。

李叔同曾这样教育自己的学生:“有才能的人不用自夸自大，有学问的人不用吹嘘自己，做人要谦虚。”为师者的李叔同，是认真而温和的，对学生的态度也是在和蔼里透着谦虚和郑重，常使学生如沐春风般的感动。他这种言传身教、身体力行和认真严谨的教育方法让每一个学生为之折服。作为一代宗师，他将人性、事态洞察得入木三分。“矜”往小了说会让我们的视野变得狭窄，会阻碍我们前进的步伐，往大了说是人类社会遭受灾难的祸根。科学家巴夫给青年人的一封信中这样写道：“切勿让骄傲支配了你们。由于骄傲，你们会在应该统一的场合固执起来。由于骄傲，你们会拒绝有益的劝告和友好的帮助。而且由于骄傲，你们会失掉客观的标准。”

自负是什么？直白地说，就是自己过高地估计自己。心理学上是这样解释的：人的自我意识包括三个方面：自我认知、自我意志、自我情感体验。每个人对自己的评价靠的是自我认知，有的人对自己评价过高，就表现为自负；有的人过于低估自己，就表现为自卑。

盲目自大，会过高地估计个人的能力，失去自知之明。自大的人总爱抬高自己贬低别人，有时表现为看不起周围的人。有的固执己见，妄自尊大，总是将自己的观点强加于人。如果身边的人的成就超过了自己，就会冷嘲热讽，极力去打压对方。以为全世界都是以自己为中心，自己想做什么就做什么，对身边人给的良好建议充耳不闻。很少主动关心别人，不太顾及别人的利益，因此与他人关系疏远。

孔子曰：“君子泰而不骄，小人骄而不泰。”

许多自负性格的人都是曾有过重大贡献的人，他们往往认为自己功勋卓著，自高自大、目中无人，最终也难逃悲惨的结局。

年羹尧是清代前期的著名武将，战功赫赫，显赫一时。他曾屡立战功、威镇西陲，同时也受到雍正帝的特殊宠遇，可谓春风得意。但好景不长，风云骤变，弹劾奏章连篇累牍，各路打压接踵而至，直至被雍正帝削官夺爵，列大罪九十二条，赐自尽。一个曾经叱咤风云的大将军最终落得如此下场，实在令人扼腕叹息。

康熙末年，皇室内部暗流涌动。而具有远见卓识的年羹尧认定康熙第四子胤禛，所以他选中胤禛作为自己未来政治前途的“监护人”。年羹尧作为一名拥有重兵、镇守边疆的朝廷重臣，在皇位的争夺当中起到了至关重要的作用，是拥护雍正登基的大功臣。

在军事上的成就，加上与雍正的特殊关系，使年羹尧扶摇直上，达到一人之下，万人之上的境地。他的妹妹后来被封为贵妃；他的妻子是宗室辅国公苏燕之女。此时的年家可谓是位高权重的皇亲国戚、官宦之家。

雍正继位后，皇族内已经落败的势力仍在活动，曾经拥护雍正的权贵重臣也慢慢地居功骄擅起来，这些都威胁着他作为皇帝的最高权力。所以，为了巩固皇权，雍正不得不对居功擅权的重臣给予坚决的惩治。而年羹尧首当其冲，他不但功高盖主，引起皇帝的猜疑，而且他本人性格居功自傲、狂妄自大，得势之后更是飞扬跋扈、目中无人，他排斥异己、用人为私，形成了以他为首的“政治军事小集团”，无论在朝野还是庙堂外都是大忌。

仅仅十四个月的时间，年羹尧就从权倾朝野的重臣沦为死囚，这是他做梦也想不到的。

有的人依仗自己的才能，目空一切，忘乎所以，甚至忘记自己的位置和处境，那么最终一定会给自己带来麻烦，有时甚至是灭顶之灾。人生中性格因素举足轻重，自负性格的人即使再才华横溢，如果不克服自己的性格缺陷，也很难成功。

刘墉的《冤枉》里说：“不要去轻视任何人，恰恰在这一点上，一些狂妄自大、出言不逊、不懂礼貌的人却最不懂得，因此也就注定了他们的失败！所以身为现代人，就好比开车，你除了自己守规矩，还得留意别人是否不守规。你必须保持高度的敏感，且常常设想别人的感觉，才可能过得愉快。”老子曾以江海处下而为百川之王的事实，告诫人们不要“自矜”、“自是”。李叔同曾数次劝诫自己的学生、弟子，无论何时何地都要以谦虚为上，不轻视别人，不可自作聪明、夸耀自己的才能和实力。只有这样，才能不被人嫉恨，不被“矜”字毁了前程。

俗话说：“天不言自高，地不言自厚。”越成熟饱满的谷子，越是低下头。可是，平日里总有些人自恃才华，经常会不自觉地飘飘然，甚至仗着自己的才华欺压别人，特别是处于顺境之时，经常得意忘形，不能很好地认识自己。本事不大、派头很大，底气不足、傲气十足。缘何如此？有句俗话说得好："满瓶子不响，半瓶子晃荡。"像李叔同这样有真才实学的大师，往往不会到处卖弄自己的学问。

低调

能力和智力是相匹配的，要培养自己的智慧，就从培养能力入手，低调做人。

当今社会，是一个崇尚自由、张扬个性的年代，似乎只有风风光光做人、轰轰烈烈做事才能够紧跟时代步伐，赢得良好的社会声誉。其实不然。虽然做人要懂得自我推销，才能把才能和魅力充分展示出来，以获得别人的关注和认可。但如果把握不好尺度过于高调，很可能招来更多麻烦。所以，与人相处，既要靠能力又要靠智力，要培养自己的智慧和能力，必须先学会低调做人，才能更好地和社会交流。

商界巨子李嘉诚在他的儿子李泽楷初踏入商界时，曾这样训诫他：“树大招风，低调做人。”可见，比起那些不知天高地厚的人来，真正事业有成、人生得意的人，反倒更多信奉低调的处世原则。古语有云：“木秀于林，风必摧之；行高于人，众必非之。”从古至今，才情出众的人，往往比普通人更容易遭人嫉恨，在这样的境地，如果不合时宜地过分张扬、卖弄自己的才华，不仅显示出自己的无知和浅薄，也在不知不觉中伤害了他人的自尊和颜面，此时难免会遭到明枪暗箭的打击和攻击。一个睿智的人，要能够在志得意满时，为他人腾出一片喘息的空间，不要让自己的荣耀成为盘踞在他人心中的阴影，不要让自己轻狂的身影成为他人射击的靶子。所以，从这个意义上说，低调做人是规避风险的好策略。

李叔同是学术界公认的奇才，作为中国新文化运动的先驱，他最早把西方油画、钢琴、话剧等引入国内，且以擅书法、工诗词、通丹青、达音律、精金石、善演艺而驰名于世。

即便如此，李叔同也是个低调的人，他平时生活简朴，不喜张扬，只专注于自己喜欢的事情上，韬光养晦，一心钻研艺术，因此，他在每种艺术上都有很高的造诣。

不露锋芒，韬光养晦，才能暗蓄力量。不争强好胜，却有不争而胜的气势；不强出头，却有“无欲则刚”的力量；表面上看似安于蛰伏，实际上是暂时隐忍以图进取。下面让我们来看一则韬光养晦的故事吧。

曹操回想征伐张绣是使用“望梅止渴”的方法度过艰难，不禁心中感慨万千，正值梅子成熟时节，于是煮酒请刘备过来小聚。刘备起初很高兴，曹操请我喝酒，不容易啊；另一方面心里也发毛，为什么请我喝酒？喝酒时最容易说漏嘴了，得小心点儿。

有些人虽然一时穷困潦倒，但还是掩盖不了他的大贵之气，刘备就是这样的人。曹操跟刘备相谈甚欢，酒酣之时，曹操问了刘备一个问题：“玄德兄，你说这年头谁是英雄？”

刘备心里嘀咕：“我肯定是英雄，只是现在不得已。”但刘备不敢说，说了，恐怕连命都保不住。刘备想了想，就装作什么也听不懂，顾左右而言他。

绕了半天，曹操越来越不耐烦了，端起一杯酒一饮而尽说：“别绕了！这年头真正的英雄人物就是你和我。”

一语道破了刘备也是很有野心的人，刘备心中一惊，手中的筷子立马掉到了地上，忽然天上“轰隆”一声打了个巨雷。曹操正用袖子擦胡子上的酒，听到了筷子落地的声音，就问刘备：

“怎么啦？”

刘备连忙捡起筷子顺口说：“这么大的雷，吓死我了。”曹操哈哈大笑：“大丈夫怎么可以怕雷呢？”刘备接口道：“孔子是圣人，他也怕打雷，别说我了。”

此时张飞、关羽两人怕曹操会杀刘备，闯了进来。见刘备没事，关羽掩饰说自己来舞剑助兴。曹操说：“这又不是鸿门宴。”随后斟酒给他们压惊。后来三人一起出来，刘备说：“我天天种菜，就是要让他知道我胸无大志，没想到曹操竟说我是英雄，吓得我筷子都掉了。怕曹操生疑，我只好说自己怕打雷掩饰过去了。”关羽、张飞听了之后极为佩服。

其实刘备的算计很远，为了将来能大展宏图，他行事低调，很是小心谨慎，为了隐藏自己的才能与野心，关键时刻他的回答也十分巧妙，既掩饰了掉杯子的事实，又表明自己是个胆小怕事、循规蹈矩无足轻重的小人物，这才得到了“操遂不疑玄德”的结果，不仅保全了性命，更为后来三国鼎立打下了基础。可见刘备是个很能沉得住气的人，懂得适时隐藏自己的锋芒，暗中积蓄力量，以谋大业。

出头的椽子易烂，时常有人稍有才能就到处得意扬扬地自夸，喜欢被别人奉承，其实，过分地张扬自己，既会经受更多的风吹雨打，也会使自己丧失很多在低调中养精蓄锐的机会，才大不可气粗，才是做人的根本。低调做人是一门高深的智慧，是一种高尚的修养。低调做人，可以助我们峰回路转，当自己处于不利地位时，不妨先退让一步，这样做，不仅能避其锋芒，脱离困境，还可以另辟蹊径，重新占据主动。但低调做人并不意味着卑微做人，低调的人同样要高标处世。

我们不仅在行为上要低调，在言辞上更要低调，放低说话的姿态，面对别人的赞许恭贺，应谦逊有礼、虚心，这样既显示了君子风度，同时也照顾到了别人的心理感受，淡化别人对你的嫉妒心理，维持和谐良好的人际关系。得意而不要忘形：得意时少说话，态度要谦卑，这样才会赢得朋友的尊敬。有时候谦虚礼让不是人际关系上的怯懦，而是把那些无谓的攻击降到零。

一个低调的人，必定是识时务的，他明白何时保全自己，何时成就别人，以儒雅的风度来笑对人生。

谦虚处世是为隆重之德

谦退是保身第一法，安详是处事第一法，
涵容是待人第一法，恬淡是养心第一法。

谦虚处事是待人有礼的表现，为人处事一定要谦虚谨慎，戒骄戒躁，持中和之道，无过无不及。谦受益，满招损。这是千年以来的古训，也是做人的根本。大千世界，奇妙无穷；人生短暂，能力有限。莫说我们一般人的知识少得可怜，即便是圣人贤者也不可能穷尽宇宙的奥秘。谦虚做人，低调做事，会使人避免尴尬，留有余地。孔子在谦虚做人这方面堪称世人的楷模。

《列子》中有一则《两小儿辩日》的故事：孔子在路上遇到两个小孩在叽叽喳喳争论不休，孔子便问他们争论什么。一个小孩说：“我认为太阳刚出来时离人比较近，而到了中午，就离我们远了。”另一个小孩却说：“太阳刚出来时离人远，中午时离人最近。”第一个小孩的理由是太阳刚出来时比较大，而到了中午就变小了，因此他由远者小、近者大得出自己的结论。另一个小孩则认为太阳刚出来时比较凉，中午时最热，就由远者凉、近者热得出自己的结论。

于是他们请教孔子判定是非，这下却难住了孔子。孔子谦虚地承认自己没法判断谁是谁非。可见，学无止境，即使是圣人也会有不懂的地方，更何况我们普通人呢，因此，任何人都没有骄傲自满的理由，“谦虚使人进步，骄傲使人落后”就是这个道理。

巴甫洛夫说过：“无论在什么时候，永远不要以为自己已经知道了一切。不管人们把你们评价得多么高，你们永远要有勇气对自己说：我是个毫无所知的人。”

水的特点是温柔，润万物而不与一物相争夺，水往低处流，具有谦虚的美德。做人也应该如此。谦虚是一种生活方式，只有懂得谦虚的人才会不断地进步。只有谦虚地向别人请教，你才有机会学到你所需要的东西！谦虚是一种处世方式，只有懂得谦虚的人才能在这个纷繁复杂的世界中游刃有余。“虚心竹有低头叶，傲骨梅无仰面花”，我们为人处事要以一种虚怀若谷的姿态、谦虚谨慎的心，多向前人借鉴学习，多向身边的其他人学习。

范仲淹是宋朝著名的政治家和文学家，他在写作中非常严谨和谦虚。有一次，他写了一篇文章，其中的四句是：“云山苍苍，江水泱泱，先生之德，山高水长。”写成后，他请李泰伯给些意见。李泰伯读后连连叫好，但他建议范仲淹改动一个字，把“德”改为“风”。范仲淹思索了一番，欣然同意。这一个字确实改得很好，因为“风”字表达的范围更宽，而且与前面的“云山”和“江水”相呼应。范仲淹非常满意这一改动，后来把李泰伯称为自己的老师。从这个小故事我们可以看到，范仲淹之所以能成为历史上的名人贤者，除了其过人的学识本领外，与他谦虚处事的品德也是分不开的。

谦虚并不意味着否定成绩，而是对成绩本身有一个正确的评价，对成绩有一个清醒的认识。尤其不要忽视他人的努力及机遇等因素。

化学家戴维尔提取出纯净的铝后，有人提醒他，让他声明自己才是铝的真正发现人。因为在戴维尔之前，德国人弗勒制出的铝并不纯净。戴维尔并没有理会这种提醒，反而用铝铸了一枚纪念章，上面只刻了弗勒的名字和1827年的字样，赠送给那位德国化学大师，并对提醒他的人解释道：“我很荣幸，能够在弗勒开辟的大道上多走了几步。”这位科学家在取得成就的时候，并没有自吹自擂，把所有的功劳揽在自己身上，而是念念不忘前人给予的启示，不但无损于自己做出的贡献，反而更彰显了自己谦虚的美德，最终赢得人们更大的崇敬。

翻开中国历史，历代帝王将相，诸多英雄豪杰，成功者皆因谦虚处事，失败者无不骄奢淫逸。同样，谦虚时太平盛世，骄逸中江山移位。

我们应该扪心自问：一个人的力量究竟有多大？孤家寡人能做什么事情？谦虚处事，能让我们时刻保持头脑的清醒，只有谦虚谨慎，尊重他人，才能与人和睦相处，互相帮助，才能形成强大力量，排万难、移泰山。而蛮横无理，动辄武力相持，只会加深裂痕。一盘散沙，还谈什么抵御外敌？

不要以为拥有雄兵几万就是霸王项羽，就可以不听他人劝告，最终落个乌江自刎的下场；不要以为自己聪明就是孙权，就设计陷害刘备，结果“赔了夫人又折兵”；不要以为进了紫禁城就是李自成，就可以天天“享福过年”，结果皇位还没到手就魂断京城……自满之人，喜欢拿自己的长处与他人的短处相比，心胸狭窄，妒贤嫉能。虚心之人，总是拿自己的短处与别人的长处相比，见贤思齐，求贤若渴。所以以长比短，越比越短，以短比长，越比越长。和自满相反，谦虚是一种积极的人生态度，朝前看、朝上看，多关注他人的长处、强者的水平、未来的需要，找到自己的不足并对症下药，在成就面前不骄不躁，保持永不满足的进取心，才能取得最终的胜利。

每个人都拥有不同的才能，你拥有这些，并不代表你比别人高明，尺有所短，寸有所长。无论我们拥有怎样的才干，都不能心高气傲，为人处世必须谦虚谨慎，对人对事的态度不能骄狂，更不要乱摆架子，否则就会使自己陷入四面楚歌的境地，被世人讥笑和瞧不起。只有不肆意张扬、平易近人的人才能很好地保护自己，受到世人的欢迎和拥戴。

万物存尊敬

恭敬是力量之大者，谦卑是智慧之始者。

波罗奈国有四个富商，他们各有一个儿子，都长得英俊潇洒，风流倜傥，且喜欢结伴而行，闯荡江湖。

一天，四位商人之子又一同出城，由于旅途劳顿，于是便坐在路边休息，互相交谈自己近来的所见所闻。这时，有一位猎人刚好打猎回来，车上载满了猎物，其中以鹿居多。猎人驾着马车疾驰而过，准备进城把这些猎物全卖掉。

四个年轻人看到满载猎物的马车飞驰而来，其中一个迅速站起来，跃跃欲试道："我向猎人要块肉去。"话音刚落，他已经跑到马车前，十分嚣张地说："喂！打猎的，割块肉给我！"猎人看这个年轻人这么傲慢无礼，便不卑不亢地回答道："问别人要东西，怎么能用这样的口气呢？应该和气换和气才对呀！我不会拒绝你的要求，但要根据你的言行举止来决定给你哪一块肉。"说完这番话，猎人便念了一首偈语："公子所要肉，出言欠和逊；按君言粗鲁，只配得筋骨。"

第一位商人的儿子拿着猎人给他的鹿骨，垂头丧气地退回到原来坐的地方。第二位商人的儿子缓缓站了起来，说道："我也向猎人要肉。"他来到猎人跟前，和颜悦色地说："大哥，能给我一块肉吗？"猎人笑了笑说："当然可以。我也会根据你的言辞来决定给你哪一块肉。"紧接着，猎人扶着车把，也念了一首偈语："人说尘世中，兄弟手足情；按君言辞和，送君鹿腿肉。"

第二个商人的儿子拿着猎人给他的鹿腿，高兴地回到路边。第三个商人的儿子这时也站了起来，说道："你们都从猎人那儿要到肉了，我也去。"他来到猎人面前，脸上堆满笑容，用温和、尊重的语气说道："老爹，请给我一块肉好吗？"猎人也报以一笑。爽快地答应说："我会根据你的言辞决定给你哪一块肉的。"说完这话，他又念了一首偈语："儿呼一声爹，为父心头颤；按君言辞敬，赠君心头肉。"

第三个商人的儿子拿着猎人送给他的鹿心，愉快地回到同伴身旁。第四个商人的儿子迎着他站起身来，说道："我也要去向猎人要肉。"他走到猎人面前，含着亲切的微笑，真诚而又尊敬地说："亲爱的朋友，打猎辛苦了。能否赏我一块肉？"猎人也礼貌地微微颔首，爽朗地说："没问题，朋友，我会根据你的言辞来决定给你哪一块肉的。"说完，他第四次念起偈语："村中若无友，犹孤居森林；按君言辞美，赠君倾我车。"

猎人怕年轻人没听清楚，再次强调："朋友，来车上吧！我会把这整车的猎物都送到你家里去。"第四个商人的儿子也不客气，让猎人驾车把满车鹿肉送到自己家。他吩咐仆人卸下肉后，让厨子马上烹煮，热情款待猎人。两人边喝酒边交谈，吃喝了整整一夜，最后尽兴而散。

每个人都有自己的修养和处世方法。文中的四兄弟因对猎人的态度不同，看待猎人的心态不同，所得到的馈赠也必然不同。所以，在人际交往中，你敬我一尺，我便敬你一丈，以真诚换取真诚，将心比心，用尊敬赢得尊敬。善待别人，就是善待自己。轻视别人是自傲，看轻自己是自轻自贱。以平视的角度看人，以正确的态度对己，这样我们才会活得坦荡。能够把自己压得低低的，发自内心地欣赏别人、尊敬别人，那才是真正的尊贵。爱默生曾说："宁可让人待己不公，也不可自己非礼待人。"的确，面对权势显赫的贵人，抑或是身份卑微的工作者，我们都没有轻慢他人的权利。当我们恭敬地对待身边人时，也能获得他们的尊重。

风从大海上来，看见弯腰的树就不吹断。雨从天上降落，看见低头的屋就不冲。对万物心存恭敬，自己亦可收获一份智慧。只有发自内心真正的恭敬，而不是为了达到某种目的的谄媚和趋炎附势，真诚地对待身边每一个人，以恭敬的态度对人，才能赢得别人真正的尊重和支持。

第二课——给世间（二）

恶语相向两败伤，良言美语建桥梁

恶口，常闻恶声、言多诤讼。

“好言一句三冬暖，恶语伤人六月寒”，这句话来自《增广贤文》，这是告诉我们要学习用“爱语”结善缘，很多时候，一句同情暖心的话，就能给人莫大的鼓励和安慰，增添人们的勇气，即使身处寒冷的冬季也会感到温暖。而一句不合时宜的话，就如同一把利剑，深深刺透人们脆弱的心灵，即使在炎热的六月，也会感到阵阵的严寒。

清朝的康熙皇帝，少年时韬光养晦，登上帝位，青年时励精图治，扫平天下。但到了晚年，由于年纪大了，渐渐产生了一个怪脾气——忌讳别人说老。如果有人说老，他轻则不高兴，重则让对方触霉头。所以，左右的臣子们都很清楚他这个心理，平时都会小心翼翼地避开这个雷区。

有一天，他率领众皇妃们去湖中垂钓，不一会儿，鱼竿就动了，康熙皇帝急忙拉起钓竿，只见钩上钓着一只老鳖，心中十分欢喜。谁知刚刚拉出水面，只听“扑通”一声，鳖却从鱼钩逃脱又游回水里去了，康熙长吁短叹连叫可惜。陪在康熙身旁的皇后见状连忙安慰说：“看来这是只老鳖，老得没牙了，所以衔不住钩子了。”

话音没落地，旁边另一位年轻的妃子却忍不住哈哈大笑起来，而且一边笑一边不住地用眼睛看康熙。康熙见了不由得龙颜大怒，他认为皇后是言者无心，而妃子则是笑者有意，是含沙射影，是在嘲笑他没有牙齿，老而无用了。于是一怒之下将那妃子打入冷宫，终身不得复出。

正所谓说者无心，听者有意，有时候，也许一句无心的话，一个无意的举动，就可能给别人造成难以愈合的创伤。所以管好自己的舌头，既不伤害别人，也不给自己惹上祸端。“祸从口出”这句话，我们应该铭记于心。

好美言，恶恶语，是人之本性。“人之初，性本善”，好美言是人之善。心地再好，嘴巴不好，也不能算是好人。

生活中无意出口成伤的现象其实十分常见。看到别人穿鲜艳的衣服，“这种衣服适合年轻女孩子穿”“有充嫩之嫌”，弄得别人满脸尴尬，下不来台。看到别人新买的家居颜色素净，就直言：“这种家具用不了几天就变得跟抹布一样难看。”在别人没买之前，你怎么说都可以，那是朋友之间的亲情关爱。但是一旦归属已定，就不适合再说反对的话了。其实东西的好坏与否只要主人喜欢就行，毕竟“萝卜白菜各有所爱”。

说话的最高境界就是“说好话”。有人认为夸奖别人显得虚伪，其实，那叫礼节，叫教养。“说好话”不是让我们刻意奉承，更不是拍马屁，而是诚恳讨论、热心关怀，用温暖善意的词汇，表达最真挚的心意，给别人一个好心情，自己也可以看张笑脸。总比泼人冷水，坏人心情好吧？

一句话能把人说跳，一句话也能把人说笑。语言就是这样神奇，恶语相向的最终结果必是两败俱伤，只有良言才是搭建沟通的桥梁。

与人为善，烦恼即去

何兮物与我，大地一家春。

李叔同出生在一个“积善之家”。他的父亲李筱楼乐善好施，为行慈善，斥资千万计而毫不吝惜，因此被人们称为“李善人”。他长期耳濡目染，自然也修得一颗善心。长大以后，李叔同继承了其父遗风，一直把与人为善当作人生信条。他一生严守律宗戒律，悲天悯人。如果用一个词形容李叔同的话，最贴切的就是善良。

中国传统文化历来讲究一个“善”字：对自己要求，主张独善其身、善心常驻；待人处事，强调心存善良、向善之美；与人交往，讲究与人为善、乐善好施。一位名人曾说过，对众人而言，唯一的权利是法律；而对个人而言，唯一的权利是善良。

与人为善是处理好人际关系的必备素质。只有做到与人为善，才能维持和谐的人际关系。

宽容的蔺相如，对待位居己下的廉颇的挑衅，大度谦让，与之为善，书写了千古流传的“将相和”之美谈。

蔺相如因帮助赵王脱险，回国后加官进爵位居大将廉颇之上，招致廉颇不满，廉颇放言要当面给其难堪。位居高位的蔺相如不仅没有面斥廉颇的不敬，反而在碰到廉将军时主动让路。蔺相如的种种言行被廉颇看在眼里，这让他羞愧难当，最终负荆请罪，上门道歉。蔺相如以与人为善的高贵品质，赢得了廉颇的尊重和敬仰。

心胸宽广的名君李世民，面对敢于犯颜上谏的谏议大夫魏征，与之为善，虚心采纳建议，营造了传颂千古的君臣和谐关系。

与人为善，施人以爱，赐人以福。俗话说“投之以桃，报之以李”、“我敬人一尺，人报我一丈”，再不起眼儿的人心里也会有“人以国王待我，我以国土报之”的想法。自己怎么对别人，别人也会以同样的方式来回报你。与人为善，你的精神会愉悦舒张，而最终爱心和福禄也会在你身边。

有一次秦穆公出游，见兵丁捉了十五个土人，他了解情况后，发现不是什么大事就要士兵把人放了，后来秦穆公在与韩燕两军交战时，眼看就要撑不住了，突然敌人的后方乱了起来，原来那十五个土人为报他当年不杀之恩，率军相助，从后方打乱了敌人的阵脚，最终秦穆公得以反败为胜。

不要瞧不起身边不起眼的人，与他们为善，好好对待他们，这是在无形中为自己埋下一粒友善的种子。赠人玫瑰，手有余香。当你为别人献出你的善心、善举时，你也在无形之中俘虏了对方的心。与人为善，是人生路上相扶相助的光辉，是惠及自己的睿智。其实，与人为善就是善待自己。

与人为善也是一种奉献和责任。对失误者，用善心启发其感悟，令其抛弃邪恶，走向光明，是我们作为社会人的责任。人生难免会有阴暗的、困惑的情景，但你对社会、对生命的赤诚和爱心，总能驱散乌云见彩虹。

有天晚上，小偷来到禅师的茅屋行窃，翻了半天也没找到一件值钱的东西。正在小偷东翻西找的时候，禅师从外面回来，与小偷撞了个正着。

禅师和蔼地对小偷说："你既然来了，也不能让你空手而归。我就把我的这件衣服送给你吧。"

说完，他就脱下衣服，送给了小偷。小偷不知所措，只好灰溜溜地拿着衣服走了。

天亮时，禅师发现那件衣服整整齐齐地放在茅屋前的石台上。原来，小偷半夜里又把衣服送回来了。

其实，禅师送给小偷的不是衣服，而是与人为善的信念。正是这种善念感化了小偷的良知。与人为善，一次抚慰，一个笑脸，一句暖人的话语，些许精神上的帮助，对自己不会损失什么，却能让对方感到春天般的温暖。

与人为善可以让我们在这个社会上更好地生存立足！与人为善是文明之举，是和谐社会的财富，是尊重生命和亲情，是关爱人生、关爱社会、关爱自己的行为。

纵观犹太巨商的成功历程，大家就会注意到，他们有一个共同的举措，那就是在发财致富的过程中，十分注重慷慨解囊做各种善事和公益事业。犹太人笃信中的信条上说：犹太人生活在哪里，善就会在哪里生根。他们不仅诚信经商，更与犹太人和谐相处，甚至用自己的实业去帮助和庇护犹太同胞或非犹太人，他们相信，只有与人为善，取信于人，才会拥有真正的朋友，而不是到处树敌。只有与人为善，才是真正的回馈社会、报答社会、关爱社会。这就是犹太人与人为善的处世哲学。同时，犹太商人专注于公益事业，也可以说是一种为企业提高知名度，扩大影响，博取消费者好感的营销策略。这样做既有利于社会，也有利于自己事业的拓展，可以帮助自己更好地立足，最终达到双赢的局面。

孟子曰："与人为善，善莫大焉。"与人为善是一种仁爱的美德。对人对事正大光明，不以己度人，不以偏见对人，常思人之长，反思己之过。如果不想别人对自己有不好的态度，那么首先要做的不是去纠正他人，而是问问自己有没有做错。扬长避短，虚心接受，身心写满坦然，就会福往者福来。与人为善，可以帮我们消除人生的烦恼。

与人为善，放弃那些不该有的想法，做人要知足，要宽容，要有恩必报、有仇必忘。就像那句话说的一样，"把仇恨写在沙滩上，让它随着大海而消失，把恩惠写在石头上，让它永远留在那里"。用豁达的心胸，真诚地与人相处，善待家人、朋友和他人。只有这样，你的人生才会无忧无虑。

因此，我们都应该在心中牢牢树立"与人为善"的观念。我们提倡这种善念，并不是让你仅仅放在心里，而是要运用到现实生活中去。只有这样，你才能收获真诚的朋友、充实的人生和美好的未来！

像水一样至柔克刚

人好刚我以柔胜之，人好术我以诚感之。

老子《道德经》第四十三章：“天下之至柔，驰骋天下之至坚。无有入无间，吾是以知无为之有益。不言之教，无为之益，天下希及之。”

这句话的意思是：天下最为柔弱的，往往能够自由驰骋在最坚固的事物之间。没有形体的东西可以很容易地穿透看似没有间隙的地方，我也因此明白无所造作、自然而为，才是最真切有益的！

李叔同曾说过："人好刚我以柔胜之，人好术我以诚感之。"不喜欢别人以术待我，也很少以术待人；喜欢直来直去，不浪费宝贵时光。不想与人争斗，如果别人欺我太甚，则喜欢以刚克刚，往往搞得两败俱伤，实为失败之举止。未来欲成大业，还要学习水的品德，善于以柔克刚。不经言辞的教导，不执着造作、自然而为，这样的智慧，普天之下，很少有人能及得上啊！

《明史》记载，明武宗朱厚照南巡时，提督江彬随行护驾。江彬一直都有谋反之心，他手下的将士，都是西北地区的壮汉，虎背熊腰，身材魁梧，力大如牛。兵部尚书乔宇察觉出他图谋不轨，就从江南挑选了一百多个看上去相对矮小的武林高手随行。

乔宇和江彬相约，让这些江南拳师与西北壮汉比武。江彬从京都南下，原本飞扬跋扈，不可一世。但是由于手下与江南拳师较量，屡战屡败，气焰顿减，看上去十分沮丧，谋权篡位的心思也打了折扣。乔宇所用的就是"以柔克刚"的策略。

"天下莫柔弱于水，而攻坚者莫之能胜，以其无以易之。"在这里，更是通过对水"形柔而实强"的论证，表明一切看似柔弱的东西，实际上蕴含的能量却锐不可当、坚不可摧。

泰瑞·道森是二十世纪五十年代最早在日本学习合气道的美国人之一。有天下午他像往常一样乘坐东京郊区列车回家，一个高大好斗、醉醺醺、脏兮兮的工人缓缓走了上来。那醉汉步履蹒跚，刚一上车就开始恐吓其他乘客，他高声辱骂着，挥拳打向一个抱着婴儿的妇女，那妇女仰身摔倒在一对老夫妇的脚下，老夫妇吓得连忙站起来，躲到车厢的另一头。醉汉又接连挥出好几拳，他边骂边抓住车厢中间的金属柱子，像发了疯一样，试图把它拔出底座。

看到这里泰瑞十分生气，他每天练习合气道八个小时，身体非常棒。此刻他觉得自己应该挺身而出，以免其他人受到伤害。但他想起了师父的教诲：“合气道是和解的艺术，心里总是想着搏斗的人，自身已经斩断了与宇宙的联系。如果你试图打败别人，那么你已经落败了。我们应该学习如何平息纷争，而不是挑起纷争。”

泰瑞非常认同师父关于不要挑起纷争的教导，他只在必要的情况下使用武术。现在很明显，他终于有理由和机会在现实世界中检验他的合气道水平了。因此，当其他乘客吓得呆坐在座位上的时候，泰瑞从容不迫，慢慢站了起来。

醉汉看到他，号叫着：“哈哈！外国人！你真该尝尝日本人的厉害！”然后开始逐渐靠近他，准备与他一较高下，正当醉汉一步步挪动的时候，有人发出了震耳欲聋、欣喜若狂的声音："嘿！"那语调就像突然遇见老朋友一般。醉汉感到非常奇怪，环顾四周，发现这声音发自一位瘦小的日本老头，他看上去七十多岁的样子，穿着一身整洁的和服和蔼地笑着，轻轻挥手向醉汉示意，轻快地说："你过来。"

醉汉怒气冲冲地大步跨过去："我为什么要和你说话？"就在这个时候，泰瑞已经准备就绪，醉汉一旦有攻击行为就立刻把他拿下。

"你喝了什么？"老人微笑地看着醉汉。

"我喝了米酒，关你屁事啊。"醉汉不解地怒吼道。

"哦，太好了，真是太好了。"老头轻声附和道，"我也很喜欢米酒。每天晚上我都和太太一起，我们先把一小瓶米酒温热，之后带到花园里，我们坐在一条古老的木凳上一起品酒……"老头说到了他家院子里的柿子树，花园里的景致，以及在晚上品尝米酒……就这样他温和地跟醉汉聊着，醉汉低头认真思考老头的话，慢慢地，他的脸开始变得柔和起来，慢慢松开了紧握着的拳头。"对，我也喜欢柿子……"他的声音慢慢变小了。

"没错，"老头轻松地回答，"你肯定有一位好太太。"

“不是的，”醉汉说，“她死了……”他开始哭着倾诉自己失去妻子、家庭和工作的经历，他为自己感到惭愧。

这时候泰瑞到站了，他下车时看到那老头让醉汉坐在他旁边，把他的故事讲完，醉汉躺倒在座位上，头伏在老头的膝盖上。

“下车后我坐在路旁椅子上，我想用武力解决的事情，却被老人四两拨千斤化掉，我看到战斗中真正的合气道是爱，从今往后，我练武的精神不变。”泰瑞·道森想道。

以柔克刚，有时候体现在以退为进上，该低头时且低头，在思考中积蓄力量，可达到四两拨千斤的效果。“慈悲”“忍让”是教导我们在遇到逆境时，以平和的态度应对，只有这样，才可以得到“柳暗花明又一村”的那一刻。

美国的富兰克林就非常推崇这种为人处世的哲学，他年轻时，有次去拜访一位老前辈，当他昂首挺胸进门时，一头狠狠地撞在了门框上，老前辈看了他一眼，意味深长地说：“年轻人，该低头处且低头，否则，会被撞得头破血流。”后来富兰克林一直把这句话作为人生的座右铭，并从中受益终生。这就是要求人们在必要时要以柔克刚、以退为进，蹲下是为了跳得更高。

当年，项羽刘邦争雄，因为一战失利，项羽自刎于乌江边，成为千古遗叹，这是只懂伸不懂屈的结果。所以，后人在评价项羽时，认为他有勇无谋。他在一战失利的情况下，如能懂得进行战略退却，那么，“卷土重来亦未可知”。

而越王勾践就不同了，他被吴王夫差打败后，沦为俘虏，在睡草棚、为马夫的情况下，仍怀抱复国的勇气和决心，每天尝一尝自备的苦胆，时刻提醒自己。后来，历经千辛万苦，终于打败了吴王夫差，完成复国大计。

所以，当我们遇到逆境时，比如：生活不顺了，职业不顺了，婚姻不顺了，学业不顺了，就要有该低头时且低头的精神，在低头中思考、积蓄力量，是为了再一次仰起头。

于诗情画意中领悟生活的真谛

屋老，一树梅花小。住个诗人添个新诗料。
爱清闲，爱天然，城外西湖，湖上有青山。

李叔同是中国新文化运动的先驱，卓越的艺术家、教育家、思想家、革新家，是中国传统文化与佛教文化相结合的优秀代表，是“二十文章惊海内”的大师，是集诗、词、书画、篆刻、音乐、戏剧、文学于一身的艺术家。他在诸多领域，开创了中华灿烂文化艺术之先河。他把中国古代的书法艺术推向了极致。“朴拙圆满，浑若天成”，鲁迅、郭沫若等现代文人以得到大师一幅字为无上荣耀。他是作词、作曲的大家，也是第一个向中国传播西方音乐的先驱者，他创作的《送别歌》，几十年来经久不衰，成为经典名曲。同时，他也是中国最早介绍西洋画知识的人，还是第一个在中国开创裸体写生的教师。在诗词方面，李叔同在近代中国文学史上同样占有一席之地。他的作品，通过艺术的手法表达了人们在相同境遇中大都会发生的思想情绪，很多已经成为不朽的传世之作。同时，其卓越的艺术造诣，先后培养出了画家丰子恺、音乐家刘质平等一些文化名人。他为后人留下了宝贵的精神财富，他的一生更是充满了传奇色彩。太虚大师曾为其赠偈："以教印心，以律严身，内外清净，菩提之因。"赵朴初先生评价李叔同的一生："无尽奇珍供世眼，一轮圆月耀天心。"

曾经读过马德的《诗意的人生》，究竟什么才是诗意的人生？诗意的人生，不是刻意的创造，也不必刻意追寻，更不必在乎有没有小桥流水，有没有黄山奇景，只要有一颗善感而又纯净的心灵就好。善感，会使你敏感地发现俗世里的一草一木的真情。纯净的心灵，让你拥有纯真的眼睛，可以像个孩子一样发现世间一切美好的东西。

小时候，牵着爬犁去冰封的小河，选个有坡度的地方推着爬犁跑动，越跑越快，然后趴到爬犁上，让爬犁自由滑行，那种快乐，谁知？即使河里没有第二个人，一个人也能玩得乐此不疲。但也会有伤害，当爬犁冲破薄冰，突然停下来，而我因为惯性撞到爬犁上，那种痛是锥心刺骨的，但那时的孩子，不娇气。快乐很快就掩盖了疼痛。这算不算诗情画意的生活？如果童年不敢经历一点儿冒险，那么还有什么可回忆的呢？

春天，千辛万苦爬到河边的高崖上采摘迎春花，抱着一大捧迎春花回家时的那份得意，仿佛把整个春天都抱回家了。遥望山崖上的迎春花，遍地的野菜，满山地奔跑、玩乐、寻找，那又是怎样的记忆？离童年越远，那时的记忆反而越清晰。

诗意的人生，都是人们渴望的，但无须刻意寻找。当你听到鸟儿的鸣叫时，你是否曾驻足寻找？当天空有鸽群飞过时，你是否曾驻足欣赏他们的飞翔？当小虫从你脚边匆匆爬过，你是否曾给它让路，向它微笑？

曾经在周晓东的《平凡而诗意的生活》中看到这样一句话：“在这个行动多于思考的年代，孤立与遐想因产生情感与闲适，因产生诗意与思想而遭到世人的坚决抛弃，人们丢失的不仅是激情与思念，忧伤与浪漫，更是一代人心灵的极致体验。”每个人都想享受生活的乐趣，只不过俗世的琐碎繁杂牵绊了大多数人的心。我们常常穿梭于繁华的都市，却少了一份恬静去品味这个世界的美好与诗意，生活处处有诗意，处处有画景，只要我们有一双发现的眼睛，有一个美好、淡泊、热爱生活的心灵，这美好的诗意何处能不存在呢？

诗意不是天生的就在“结庐在人境，而无车马喧”的野外，也不是天生的就在灞桥杨柳、细雨剑阁的迷人意境。诗意只要体会，时时都有，处处都是。不要把诗意看得太过深奥，再华贵的生活，若没有了真情实感，也只不过是把自己钉死在极少数人的世界里，而远远地离开了朴实无华的人群。

读史可以让人知古今，读生活这首诗不但可以让人知古今，还能让我们看清自己的梦想，拥抱最真挚的情怀。

像李叔同一样，在诗情画意的生活中，沉淀内心的浮躁，面对更真实的自己吧。从富家公子到文坛新秀、从敬业夫子到一代高僧，也只有阅历如此深厚的人才能和诗歌相得益彰。李叔同不仅在用笔写诗，更是在用自己的一生写诗。

也许，我们没有富裕的生活，但有诗情画意的人生。

也许，我们没有美满的现在，但有值得回味的过去。

也许，我们没有骄傲的业绩，但有努力奋斗的激情。

第三课——给自己（一）

得意淡然，失意泰然

无事澄然，有事斩然。得意淡然，失意泰然。

得意淡然，是说春风得意的时候淡泊不染，不会得意忘形而做出有悖于常理、让人厌烦的事情。失意泰然，是说抱负不能伸展，不得志的时候要泰然处之，切忌急躁、悲观，更不能怨天尤人，心怀不平。行有不得，反求诸己，遇到逆境时反省改过，努力提升自己的德行与能力，终有拨云见日的一天。得意时能够淡然，不被名利束缚，失意时自然也容易放下。丢掉了得失的念头，随处都可以怡然自若。范仲淹说："不以物喜，不以己悲。”不被外境所转，实在是十分高的修养境界。

世事无常，犹如海浪大起大落。大部分人一逢得意，便踌躇满志，在欣喜昂然之余，常常会卸下心理防备。就这么一松弛，在命运、健康、事业上，便容易引发出不容忽视的败局。

同样，也有相当一部分人在失意之时，选择了自甘堕落、自我放弃，最终使自己到了一个无法挽回的境地。

境由心生，心态决定人生，人生不过是一个过程，其结果都是一样的。怎么对待这个过程，最重要的是心态，一个良好的心态可以让过程过得更美好一点儿，人生得意时不骄躁，失意时不气馁，发挥我们自己最大的能量让人生没有缺憾，让自己在面对困难挫折时心境坦然。

想要得意时淡然处之，失意时泰然处之，就要拿得起、放得下。拿得起是一种勇气和担当，放得下是一种品格和胸怀。在生活中我们会面临许多诱惑，有金钱、权力、美色等。如果我们把心思放在钱和权上，忘掉了自己的责任与使命，不仅不会得到快乐，反而会误入歧途，走上不归路。牢记自己的责任和使命，面对生活的高潮和低谷，我们才能问心无愧，坦然面对各种诱惑。

唐朝的政治家郭子仪，一生宦途得失参半。得意时他并无飞扬跋扈之态，当屡屡被鱼朝恩等奸臣谗言陷害丢官回乡时，也并无落魄潦倒之相，完全与平日里一样开朗逸旷，坦荡又平易近人，看不出一点儿委屈、怨怼等失意疲态。能够做到像郭子仪那样拿得起、放得下“得意时处以淡然，失意时处以泰然”的毕竟不多啊！

常怀一颗平常心，不强求世情，不抱怨，抛却世俗喧嚣，无论外界怎样风云骤起，我依然如我。追求内心的安静，才能尽享生活的美好。

曾经有人出了个题目给两个画家，题目是“安静”，要他们各画一张表达同一意思的画。

一人画了一个湖，湖面平静没有波澜，好像一面镜子；另外还画了翠绿的远山和湖边的花草，让它们平静地倒映在水面上，看得清清楚楚。

另外一个人则画了一道激湍直泻的瀑布，旁边有一棵小树，树上有一根小枝，枝上是一个鸟巢，鸟巢里有一只小鸟，那只小鸟正在窝里安详地睡觉。

这个画家是真正了解了安静的真意。在安逸的顺境时我们都能平静自处，淡然处之，而在外界的动荡不安和失意面前时，只有能坚守内心安静的人才是智者。

对于身边已经发生的事顺其自然，不因个人得失而动心。遇到逆境时，好好调整自己的心态，坦然去面对，无论环境怎样，都要随遇而安。给自己的心留一片世外桃源吧，对一切淡然视之，淡泊世俗名利，笑看成败得失，身在红尘而心在界外，以出世的心态做人，以入世的心态做事。

俗话说："天下不如意事，十常八九。"保持"得意淡然，失意泰然"的心境，才能从中学到智慧，找到快乐！

好好地活，接受生命的不完美

贤愚之心不可太分明。人生本来就是有缺憾的。完美不过是幻境罢了，与其盲目追求镜中花、水中月，不如追求实实在在一切随缘的人生，尊重生命本来的缺憾。

不浮夸、不扭曲，不刻意追求虚假的完美。对待生命的每一片叶、每一朵花都顺其自然之势，或直或曲、或仰或俯，使之各得其所，自然天成。不强求、不妄取，淡泊名利。对生活应该随性平和，不刻意造作，回归人生的最根本，追求生命本来的样子，以到达静到极点的世界。

憨山大师曾说：“世界从来多缺陷，幻躯那得越无常。”哲人说：“完美本是毒。”而我们却常常从完美处着眼，如渴鹿追求阳焰，纷乱不息。

《赏析》里曾说：“天空高远，不能代替大地的厚重；阳光明亮，掩盖不了月光的清凉。”

其实每件事物都有它的价值，生活中事事追求完美其实是一件痛苦的事，凡事都有一个度，过于热衷完美，就会与自己的初衷脱节。

有位追求完美的雕刻家，由于技艺高超，他所完成的雕像，一般人难以区分哪个是真人、哪个是雕像。有一天，死亡之神通知雕刻家他的死亡时刻即将来临。

雕刻家非常伤心，他像其他所有人一样，惧怕死亡，不想死亡。他苦思冥想了很久，忽然灵机一动，想到一个好方法，他花费了巨大的精力做了十一个自己的雕像。当死神来敲门时，他藏在了那十一个雕像之间，屏住了呼吸。

死神十分困惑，他看到了十二个一模一样的人，简直无法相信自己的眼睛，毕竟以前从未见过这种事！从没听说过上帝竟然会创造出完全一样的人，毕竟这个世界上每个人都是独一无二的。

这到底是怎么回事？死神绞尽了脑汁，也无法确定自己究竟该带走哪一个？他只能带走一个……死神趴在这个雕像上看看，又靠近那个雕像看看，依然无法做决定。带着困惑，他回去了，他问上帝："您到底做了什么？怎么会有十二个一模一样的人，而我要带回来的只有一个，我实在不知道应该带走哪个？"

上帝微笑着把死神叫到身旁，在死神耳旁轻声说着什么，并要他到那个艺术家藏身于雕像间的房间里，说出这句话。

死神有点儿不敢相信，带着怀疑的口气问："真的有用吗？"上帝说："别担心，你试了就知道了。"

死神半信半疑小心翼翼地来到那个雕刻家所在的房间，环顾四周之后，说："先生，一切都非常完美，只不过我还是发现了一点儿小小的瑕疵。"

这个追求完美的雕刻家完全忘记了自己此时的境地，他立即跳出来大声问道："什么瑕疵？"

死神得意地笑着说："哈哈，我终于捉到你了，这就是瑕疵——你无法忘记你自己，连天堂都没有完美的东西，更何况人间呢。走吧，你的死亡时刻已经到了！"

科幻小说作家莫夫曾说："我不是完美主义者，我再回头看自己所写的书时，一点儿也不会感到遗憾或担心。"正所谓：完美根本就不存在，明白这句话的人一定了解人性智能的极致，期待拥有完美是人类最疯狂、最危险之举。

有内涵方能泯然一笑

宜静默，宜从容，宜谨严，宜俭约。

涵养德行，首先心要安静坚定，沉默寡言；行为举动要从容淡定，为人处事严谨恭敬，生活简单朴实，少欲知足。能够经常这样检点自己，自然容易止息妄念，心专意凝。古人对这些也有相当精彩的解释。

刘念台云："涵养，全得一缓字，凡言语动作皆是。"论处事待人接物，心中常常有优裕从容、游刃有余的感觉，忙而不乱，让周围的人如沐春风，才表现出一个人的涵养功夫。

说到温莎公爵，他不仅有不爱江山爱美人的传奇人生，还有很多不为人知的小故事值得称赞。

有一次，英国王室为了招待印度当地居民的首领，在伦敦举行盛大的晚宴。当时温莎公爵主持了这次宴会。

宴会上，达官贵人们觥筹交错，相谈甚欢，气氛十分融洽。可就在宴会快要结束的时候，出了这样一件事。侍者为每一位客人端来了洗手盘，印度客人们不太了解当地的习惯，看到那精致的银制器皿里盛满了清澈的水，以为是可以饮用的，就端起来一饮而尽。作陪的英国贵族被这一幕惊得目瞪口呆，可又不知如何是好，大家纷纷把目光投向主持人。

温莎公爵神态自若，好像什么都没发生过一样，一边与客人谈笑风生，一边自然地端起自己面前的洗手水，像客人那样“自然而得体”地一饮而尽。紧接着，大家也纷纷效仿，本来可能出现的难堪与尴尬顷刻释然，宴会取得了预期的成功。

待人接物，常觉得心中有从容闲暇时，才见涵养。有了内心修养，表现在外部的谈吐举止自然就镇定从容。想要达到这样的修养功夫，首先就要克服心浮气躁、妄自尊大。

李叔同曾教化世人："逆境顺境看襟度，临喜临怒看涵养。"襟度就是襟怀与气度，每个人的心量气概不一样，涵养之人心胸开阔，懂得宽容，善于谦让，对一切事情都不放在心上，有的人则心量狭隘，斤斤计较。只有拓开心量，放开怀抱，才能经得起境界的磨炼和考验。

东汉时颍川太守寇恂是一个非常懂得顾全大局而又聪明的人。有一次，大臣贾复从都城洛阳去汝南郡，他手下的一个小军官这期间在颍川杀了人。寇恂下令将那个军官抓起来，在大街上砍头示众。贾复在汝南郡知道这件事后，破口大骂，觉得这是寇恂故意扫他的面子。没过多久，贾复要回洛阳，快到颍川时，对左右的人说："我要是见到寇恂，一定会亲手杀了他！"

寇恂早就猜到贾复不会放过他，心里想着找机会避开，避免与贾复见面。他手下的一个武官对他说："难道您还怕贾复吗？我就带着剑站在您身边，他要是敢动手，我就不客气！"

寇恂语重心长地说："你听说过廉颇和蔺相如的故事吗？蔺相如这么有勇有谋的人，连秦王都怕他，可廉颇借机为难他时，他却让着廉颇。为什么呢？因为他有为国家着想的胸襟和气度啊！他能有这份涵养，我寇恂也一样能做到啊！"

可是，贾复是都城来的大臣，他从颍川路过，太守避而不见也说不过去。寇恂便让人备下丰盛的酒饭，等贾复和他的随从们来了，寇恂手下的官员们就热情地招待他们，献上好酒好饭。等他们休息得差不多了，寇恂突然赶来，表面应酬下，然后推说有事，就匆忙离去了。贾复发现后急忙叫人去追，但手下个个都喝得醉醺醺的，只好眼睁睁看着寇恂走远了。

寇恂并没有计较个人恩怨，而是以大局为重，清醒地对待别人对自己的怨恨，不与他人争长论短，而是机智避退。寇恂不争斗并不是他软弱无能，而是一个心胸博大、有内涵之人的过人之处。如果寇恂像贾复一样感情用事，与贾复刀枪相向，只能加剧二人的矛盾。退一步却海阔天空，对自己，对国家都有利，何乐而不为呢！

能承担，能行动，能化解，能扭转；考虑自己，更为他人着想，能顾全大局，就是内涵。

真正有内涵的人，无一不是内心强大的人，他们从容不迫，心态祥和，不骄不躁，脚踏实地。只有像他们一样不计得失，不惊荣辱，才能活得精彩，活得有滋有味。

第四课——给自己（二）

静坐常思己过，闲谈莫论人非

自责之外无胜人之术。

古人曾如此告诫世人："时时检点自己且不暇，岂有功夫检点他人。"而且孔子也曾说过："躬自厚而薄责于人。"其意思无非是想让我们反省自己，沉淀心性。

提倡自省自悟之道，自省就在于不断地检查自我、反省自我，承担生命给你的那一份责任。

时时检讨自己的过失，提升品德修养，常怀宽阔胸襟，严于律己，宽以待人，这对于个人修身确实重要。

一个女人经常偷偷地背着自己的丈夫出去会情人。一天，她又打扮得花枝招展地到河边去会情人，可是等了很久，也一直没有等到情人。就在这时，一只狐狸叼着一块肉经过这里，它看到水里的鱼儿，马上又跳到水中去捕鱼，一松口鱼儿马上就游到深水里去了。狐狸没有捕到鱼，垂头丧气地回到岸上，一看自己的肉也被一只刚好路过的乌鸦叼走了。那个女人看见狐狸这样，就讥笑狐狸道："馋嘴的狐狸，你扔掉自己的肉，去捕鱼，结果弄得两手空空，最后什么也没得到，真是太好笑了！"

狐狸反唇相讥道："你这个女人背弃自己的丈夫，偷偷来跟情人幽会，情人却没有等到，现在不也两手空空吗？"

那个女人只顾指责狐狸，却没有意识到自己犯了和狐狸一样的错误。

指责别人是很多人的习惯，反省自己却比登天还难。谁都不可能避免错误，但鲜少有人愿意反省自己。

有一个久经沙场的将军，因为厌倦战争，专程到禅师处要求出家，他向禅师道："禅师！我现在已经看破红尘了，请禅师收留我出家，让我做您的弟子吧！"

禅师："你还有家庭，有很重的社会习气，你还不能出家，等等看再说吧！"

将军："禅师！我什么都放得下，妻子、儿女、家庭都不是问题，请您现在就为我剃度吧！"

禅师："慢慢再说吧！"

将军无奈，有一天，一大早就到寺里礼佛。禅师一见到他就说："将军今天怎么这么早就来拜佛呢？"

将军用禅语诗偈说道："为除心头火，起早礼师尊。"

禅师半开玩笑地也用偈语回道："起得那么早，不怕妻偷人？"

将军一听，十分生气，不禁大声骂道："你这老怪物，说话太伤人！"

禅师哈哈大笑道："轻轻一拨扇，性火又燃烧，如此暴躁气，如何能出家？"

如果这位将军一直像这样不自省，就永远都放不下。

自省是道德完善的重要方法，是治愈错误的良药，它能给我们混沌的心灵带来一丝光芒。当我们迷路时，当我们掉进罪恶的陷阱时，当我们的灵魂遭到扭曲时，当我们自以为是、沾沾自喜、骄傲自大时，自省就像一股清泉，把思想里的浅薄、浮躁、消沉、阴险、自满、狂傲等污垢洗涤干净，重现清新、昂扬、雄浑和高雅的旋律，让生命大放异彩、生气勃勃。

自省是一次自我解剖的痛苦过程。它就像一个人拿起刀亲手割掉自己身上的毒瘤，需要非常大的勇气。认识到自己的错误并不难，但要用一颗坦诚的心去面对它，却并非易事。懂得自省，是大智；敢于自省，则是大勇。割毒瘤或许会有难忍的疼痛，也会留下伤疤，但它却是根除病毒的唯一办法。只要“坦荡胸怀对日月”，心地光明磊落，自省的勇气就会倍增。古人云：“君子之过也，如日月之食焉。过也，人皆见之；更也，人皆仰之。”这句话说的是，日食过后，太阳尤其灿烂辉煌；月食复明，月亮越加皎洁明媚。君子的过错就像日食和月食，谁都能看见，但是改过之后，能得到人们更崇高的尊敬。

李叔同是现代律宗祖师，持戒十分谨严，常说戒律是用来律己，而不是要求别人的。对此，倓虚法师在《影尘回忆录》中有记述：“他平素持戒的工夫，就是以律己为要。口里不臧否人物，不说人是非长短。就是他的学生，一天到晚在他跟前，做错了事他也不说。如果有犯戒做错，或不对他心思的事，唯一的方法就是‘律己’不吃饭。不吃饭并不是存心给人怄气，而是在替那做错的人忏悔，恨自己的德行不能去感化他。他的学生和跟他常在一块的人，都知道他的脾气，每逢在他不吃饭时，就知道有做错的事或说错的话，赶紧想办法改正。一次两次，一天两天，几时等你把错改正过来之后，他才吃饭；末了你的错处，让你自己去说，他一句也不开口。”平素他常和人说：“戒律是拿来‘律己的！’不是‘律人的！’有些人不以戒律‘律己’而去‘律人’，这就失去戒律的意义了。”

在李叔同身上我们看到，戒律不仅是一种规约，更是一种教育方法。他的自省律己，让弟子们不断反省自己的言行，生怕违犯戒律，引起师父律己绝食。其体现出的风范是，师父严格自律，以此促使弟子们主动自省！

时常自省，扫却心中的尘埃

既已学矣，即须常常自己省察，所有一言一动，为善欤，为恶欤？若为恶者，即当痛改。除时时注意改过之外，又于每日临睡时，再将一日所行之事，详细思之。能每日写录日记，尤善。

“自省”就是通过自我意识来审视自己言行的过程，也就是自我评价、自我反省、自我调控和自我教育。其目的如朱熹所说：“日省其身，有则改之，无则加勉。”孔子的学生曾子身体力行“自省”这一主张，他常常“吾日三省吾身”，检查自己“为人谋而不忠乎？与朋友交而不信乎？传不习乎？”战国时荀子说：“君子博学而日参省乎己，则知明而行无过矣。”他是将“自省”与学习结合起来，作为实现知行统一的一个环节。

“自省”是自我意识能动性的表现，是行之有效的德行修养的方法。“子曰：‘射有似乎君子，失诸正鹄，反求诸其身。’”孔子说，射箭跟君子修身的道理很像，射不中靶子，要多检讨自己，自我反省。“见贤思齐焉，见不贤而内自省也”一直是中国人德行修养的一个重要标准。

宋朝宰相范仲淹曾说过：“我每天晚上睡觉前，即回顾一下当天吃喝开支和当天所办的事情，如果办的事情与朝廷俸禄相称，就会安然睡一夜。不然的话，会一夜不安眠，第二天必须要多做事，以弥补昨天的不足。”正是有了这种自我批判、自我反省的精神，他为官清廉，对朝廷的不正之风能够及时劝谏。也正是凭借这种高风亮节的气节，他赢得了人民的尊重和敬仰。后来许多地方立祠、画像纪念他。

自省可以帮助我们更清楚地认识自己、完善自己。一个人只有主动地剖析、反思、总结自己的缺点和优点、不足和长处，才能时刻保持清醒、保持觉知、不断进步。当出了问题、当面对批评时，多从自己身上找原因。孟子说：“爱人不亲，反其仁；治人不治，反其智；礼人不答，反其敬；行有不得者皆反求诸己，其身正而天下归之。”孟子的意思是：凡是行为得不到预期的效果，都应该反过来检查自己，自身行为端正了，天下的人自然就会归服。

夏朝时候，一个背叛朝廷的诸侯有扈氏率兵攻入夏的都城，夏禹派他的儿子伯启抵抗，结果伯启战败。伯启的部下非常不服气，就对伯启说："有扈氏使用诡计，否则我们怎么可能输掉呢？如果我们现在继续进攻的话，一定会赢。”但是，伯启却摇摇头说："不必了，我的兵比他多，地方也比他大，却被他打败了，一定是我的原因。可能是他的德行比我好，带兵方法也比我好的缘故。从今天起，我一定要努力改正才是。”从此以后，伯启每天很早就起床忙碌，亲自操练军队。同时，他还重用有才干的人，尊敬有德行的人，为求得贤良的辅佐，亲自登门造访。一年以后，有扈氏知道了，不仅不敢过来侵犯，反而自动投降了。

及时自省可以让人不再犯同样的错误。日本学者池田大作说："任何一种高尚的品格被顿悟时，都照亮了以前的黑暗。”每次自省，我们都是在训练自己的内心，经常回头看自己犯错的原因，经常去审视自己的念头和言行，有助于我们在潜意识里做出更正确的决定。这样的话，我们也可以活得更清醒、更有效率。因此，请不要害怕犯错；但犯错误后要及时反省，才可以保证以后不犯同样的错误。

曾于1992年获诺贝尔物理学奖的杨振宁，他一心要做一个成功的实验，但他屡屡失败，美国人嘲笑他说：“只要有爆炸的地方，都会有杨振宁。”杨振宁此刻也意识到自己确实不太适合搞实验，他痛定思痛，经过千百次的反省后，决定放弃做实验，去追寻其他梦想。他并没有偏执地投身于自己的弱项，而是决然转身，去寻找别的梦想，后来，他终于取得了成功，成为举世闻名的物理学家。

“自省”不等于自我批判，不等于盲目的自责，也包括自我肯定。我们自省的话语应该是很积极的，应该往好的一面引导自己的思想言行：我的做法有没有对他人有益？我的想法是不是善意的、对他人有建设性的？我的做法是不是保护了环境、有益于社会？我的情绪是不是正能量，是不是有助于消除情绪污染、净化自己和他人的心灵？所以自省是积极的、愉悦的、建设性的。

也许有人会想，总是检查自己，那活得也太累了。其实，恰恰相反，自省会让我们活得更轻快。每次自省，我们都是在做心灵大扫除，我们清掉了心中的垃圾、负担，杀了很多思想病毒，让自己的心灵大大减负、净化了。我们也因此拥有了一个清静的、和谐的、高速运转的心灵。

自省，说起来容易，做起来却比较难。因为我们挑战了自己的自尊。给自己找借口、推卸责任，这些都是自尊的需求。

遇到了问题或者受到指责，我们的心理会马上进入防守状态，竖起坚硬的盾牌来保护脆弱的自尊。所以，自省需要我们的内心足够强大。子曰：“君子求诸己，小人求诸人。”究其原因，正是因为君子的内心很强大，不需要过多的保护，所以没有什么能轻易伤到他的自尊。

所以自省时，一定要放下自我。遇到问题和批评时，先别急着去关照你的自尊，而是先去做建设性的事情。你可以告诉自己：自尊啊，你先等等，我还有别的事要办，办完了就回来哄你。给它来一个延迟满足。

然后再看看这个事情，为什么会出现这个状况，自己能总结出什么经验教训，还是否有改进的空间，从中可以学到什么。做完了这些，我们就已经做到了反躬自省。这时，再回过头来看自己的自尊，你会发现它已经没事了。

通常，当你反省了自己的问题之后，你的自尊也就没什么问题了。它还可能比以前更强大！

同样还是这两件事，关键是要做对顺序。顺序错了，就会更纷繁复杂；顺序对了，就是一件事——反省自己，而且还带来了副产品——内心更强大。何乐而不为呢！

自省能力好的人常常表现为意志力强、个性独立、有自己内在的世界观。而不懂得自省的人，他就活得浑浑噩噩糊里糊涂，没什么学习能力，常常犯相同的错误。子曰：“内省不疚，夫何忧何惧？”确实是这样，如果我们时刻保持心灵的清醒，时刻不忘这个世界是怎样的、在怎样运作，那么我们不仅会少了很多烦恼怨恨，也会少了很多忧虑。我们不再担心失败和失意，也不再害怕外界的阻力和逆境。

只有自省，才能扫去心中的尘埃，还心灵一片澄澈清明！

吃得苦中苦，方为人上人

如何说得世间苦？苦事纷纷等猬毛。

李叔同生于富裕之家，虽然他五岁丧父，但是他的少年生活还是十分优裕的。十八岁那年，李叔同奉命与俞氏结婚。之后的这段时间是他这一生最快乐的时光，上有慈祥母亲，下有儿女绕膝欢闹，家庭美满祥和，物质生活充裕。直至 1905 年，李叔同丧母。

母亲的离世，国家的衰败，对他造成很大的打击。但李叔同依然是积极的，他东渡日本留学，企图用文化来救国，但是连年战乱、家道中落重重地击碎了他的梦想，最终他选择皈依佛门。

李叔同皈依佛门之后，并没有放弃救国梦，他依然广结善缘，开导众生，以唤起、提高人们的爱国热情和责任感为己任。1941 年，李叔同还写过一副横卷：“念佛不忘救国，救国必须念佛。”可见，这种“宗教救国”的理想，与其早年“教育救国”的理想是一脉相承的。

世上还有什么比亲人离世、家庭衰败、国家沦丧更严重的？即使是这样的苦难，李叔同依然选择迎难而上，最终他用自己的方式，为众生、为国家奉献了自己毕生的心血。

古今中外，曾涌现出无数令人敬佩的名人，他们的成就让人赞叹，他们的智慧让人折服。但他们并非天才。毕竟这个世上没有不劳而获、唾手可得的事，所谓“一分耕耘，一分收获”，他们之所以能成功，是因为他们都有一种难能可贵的精神——刻苦。

“天将降大任于斯人也，必先苦其心志，劳其筋骨，饿其体肤，空乏其身。”

上天把重大历史任务交给你，就要先磨炼你的意志。做任何事我们都要凭自己的努力，凭自己的才智。不要妄图走捷径，投机取巧未必得偿所愿，能吃苦才能成事。

曾国藩是中国近代史上一位重要的历史人物，然而他的天分并不高。有天夜里他在家读书，一篇文章已经读了无数遍了，他还没有完全背下来，于是他就一直反复朗读。这时候他家里来了一个贼，这个贼潜伏在他的屋檐下，巴望着读书人睡觉后能捞点儿好处。可是等啊等，几个时辰过去了，还是不见他睡觉，曾国藩还在翻来覆去读那篇文章。贼人大怒，跳出来说："就你这水平还读什么书？"然后将那篇文章背诵一遍扬长而去！后来，曾国藩靠着这种吃苦的精神最终取得了成功。而那个梁上君子，假如他有曾国藩那样的勤奋，凭着他的天分，也许会另有一番作为，可他终究没有毅力，只能湮没在尘世中。

苦尽甘来，没有谁的人生路是一帆风顺的。谁克服了重重困难，谁能坚持走下去，谁就是赢者。多吃一点儿苦可以磨炼自己的意志，塑造自己的能力。

东汉一个叫孙敬的年轻人，孜孜不倦、勤奋好学，夜以继日、闭门读书，从早到晚很少休息。其实人到了三更半夜的时候很容易打盹儿犯困，为了不因此而影响学习，孙敬想出一个在他看来两全其美的办法，他找来一根绳子，一头绑在自己的头发上，另一头拴在房子的房梁上，这样的话，只要晚上打瞌睡，头稍微低一点儿，绳子就会牵住头发扯痛头皮，他也会因疼痛而清醒起来继续读书，后来他终于成了赫赫有名的政治家。

战国时期的苏秦是一位有名的政治家，但他在年轻的时候学问并不多，去了很多地方都没有人关注他，即使有雄心壮志也得不到重用，于是他下定决心发愤图强，努力读书。由于他经常读书到深夜，每次累到想要打瞌睡的时候就用事先准备好的锥子往大腿上刺一下，这样突然的痛感使他猛然惊醒，振作精神，继续读书。

人生是很累的，你现在不累，将来一定会更累。人生是艰苦的，你现在不苦，将来一定会更苦。唯累过，方得闲；唯苦过，方知甜。现在的很多人因为怕吃苦，因为懒惰，过着“梦里走了许多路，醒来还是在床上”的生活。有的人有凌云壮志，有的人有卓越才能，有的人有聪明的大脑，可他们却没有吃苦的精神。这些人就像有翅膀却不愿飞翔的雏鹰一样，最终只能沉沦于滚滚红尘之中，碌碌无为一生。

成功之路充满了艰辛，也会遇到很多挫折，在遇到困难时，不要轻言放弃，也许我们离成功只差一步之遥。如果失败了，多寻找原因，吸取经验教训，逐渐改进，以免重蹈覆辙。坚持该坚持的，放弃该放弃的，不怨天尤人，不自怨自艾。勇于开拓，能吃苦，趁着年轻，大胆地走出去，去迎接风霜雨雪的洗礼，练就一颗忍耐、宽容、豁达、睿智的心，才能迎来成功。

吃苦的精神是一种积极的态度，保持坦然的心态，成而不骄，败而不馁，在奋斗的过程中体味人生的快乐，不执迷于事物的境况，注重自身的修为，乐于接受苦难，给自己内心一份逍遥与解脱，何尝不是一种美妙的生活呢？至此，那份曾经的苦难又何足道哉。

放手一搏，生命不同

人生就是来“搏”的，只要去拼一拼，就没有什么不可能。

李叔同早年参加同盟会，声援过孙中山先生领导的民主革命，并成为“操南音不忘其旧”的革命文学团体“南社”的成员。他以“标劲节，树清风”的精神，抒写家国感怀，把自己的境遇同民族命运联系在一起，创作了大量的诗词歌曲。其中《大中华》和《祖国歌》等爱国歌曲风靡大江南北。

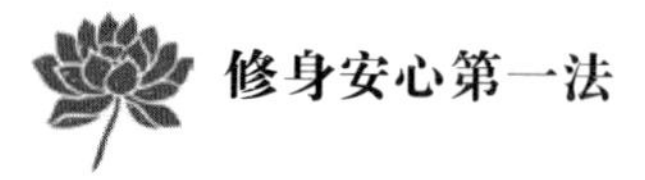

1938年，李叔同去厦门居住，此时的厦门战云密布，敌机、敌舰常来骚扰。缁素弟子担心李叔同的安危，劝请李叔同离开。他说：“为护法故，不怕炮弹”，“倘值变乱，愿以身殉”。并把自己的居室命名为“殉教堂”，表明自己誓死捍卫危城的决心。1938年，李叔同致弟子丰子恺的信上这样写道：“……朽人近恒发愿，愿舍身护法（为壮烈之牺牲），不愿苟且偷安，独善其身也。”当时恰逢抗日战争的艰苦岁月，国家衰败，哀鸿遍野。大师一腔忧国忧民的赤子情怀，化作“念佛不忘救国，救国必须念佛”的警语。虽然此时的李叔同并没有脱下僧袍换成战袍，但他却把佛学真谛与抗战救国密切联系起来，赋予佛法以激烈壮怀的时代精神。在他的意识里，他的宣讲佛理，不仅是一种觉世救世之举，更是在号召抗战。李叔同将这种精神体现在每一件书法中，日书百幅，分赠各方，勉励诸佛弟子共赴国难。

一樵夫上山砍柴不小心摔下山崖，危急之际揪住了半山腰一根树藤，人吊在半空上下两难，四处晃荡，这时一位老僧路过，给了他一个指点“放”。如果已经证实没有什么能够活命的途径了，与其等死，还不如放手一搏，那只有往下跳了——不一定能活下来，但也不一定死。也许可以顺着山势而下，缓和一点儿冲力，也许半路绊到一棵树可以侥幸活命。也许真的就这么死了，但至少还有一个可能性，也许不会死。

这故事给我们的最大启发，是人们对未知的态度。做人经常会遇到进退两难的局面，与其夹在中间等死，倒不如拿出全部精力付诸一搏,就算有万分之一的希望,毕竟还是有一线生机。很多时候，我们总在犹豫不决的边缘徘徊，带着无奈的表情和多余的自我解释。生命是有期限的，你还能犹豫多久？如果你能把每一次机会都当成是最后的一线生机，你就有可能完成许多无法想象的事情。

凌空摆荡，浪费时间不会有结果，还不如趁头脑还清醒，体力还足够的时候，勇敢地付诸行动，好好把握自己的命运。跳下去，不一定就活不了！

很多时候，阻碍我们前进的不是对手，也不是困难，而是我们自己。

英国哲学家约翰·洛克曾说：“理性的人，应该有充分的果断和勇气，凡是应做的事，不因里面有危险而退缩。”

有一个男子受到两个朋友邀请，合伙开了一家电脑公司。

虽然他投注的资本没有多少，但他的心里却始终忐忑不安。第一，另外两个合伙的朋友都很年轻，才二十多岁，根本没什么钱。他自己也不过数千美元的财产，却已经是当中最“富有”的人了。万一公司出了什么状况，最先被查封的，一定是他的财产；第二，他们的公司非常寒酸，因为租不起办公室，他们只能在一间破旧的车库里工作！

男子越想越害怕，觉得这样的公司没什么发展的前景，如果再这样下去，吃亏的一定是自己！于是，公司刚刚创立了几个星期，他就向合伙人提出退股的要求。

合伙人没有难为他，还同意用八百美元买回他持有的股份，这让男子非常庆幸，他觉得自己做了一个聪明的决定。

十几年过去了，这名男子过得十分潦倒。他的事业发展得很不顺利，甚至落魄到要靠社会救助金过日子。

而他的故事，竟然一举跃上了媒体版面——原来，这名男子与朋友创办的公司，正是近年来风头正劲的“苹果电脑”！而他当时放弃的，价值八百美元的股份，现在竟然价值上亿美元！

这则真实的故事看来真让人感到唏嘘，不过是一念之差，就彻底改变了这个男子的命运。成功，有时候真的需要一点儿放手一搏的勇气呢！

世界著名的成功学励志专家拿破仑·希尔在他的著作《思考致富》中，曾经提出一个成功学理念：“过桥抽板。”这个理念说的是：在某些时候，主动切断自己的退路，留一片悬崖在身后。当你无路可退的时候，反而能激发出最大的潜力，调动所有的激情，才能拿出放手一搏的勇气，坚持到底。

人生是一次没有退路的旅行。当我们没有退路，不能后退时，就只能放手一搏，重新杀出一条血路来。只有继续前行才能和成功相遇。退路常常被当作保留力量的借口，是冠冕堂皇的退缩理由。只有敢于切断后路，有破釜沉舟的勇气的人，才能全力以赴地为自己创造一个向成功冲锋的机会。

第五课——给自己（三）

不随波逐流者，堪立千古品格

不被时流笼罩着，堪立千古品格。

青年的李叔同是当时社会上有名的风流才子，不仅才华横溢，而且风度翩翩。无论在什么场合，他总能脱颖而出，不仅是因为他华丽的外表，更多的是他优雅的举止和脱俗的气质。

他从小就受父亲的影响，深爱佛教思想，对世间万物有超于常人的见解。李叔同在俗时，就已把生存方式看透，他感到尘欲所累的世间随波逐流，自救不了。但他依然忠于生命、忠于自己的延续。终于在三十九岁时出家，他热肠而冷眼地透视着人间，忘我地沉浸于佛家生活。宗教修心明性，悟道归真，升华了他的灵魂。

从此以后，他孤云野鹤，弘法四方，慎独修行，以苦为乐。他不再为自己而活着，他觉醒了，他大彻大悟了，他超越了自我，超越了一己世俗的情爱，超越了世俗的荣耀，对国家，对人民有了更大的担当。

古今中外，拥有这种气质、修养和价值观的人还有很多。屈原“世人皆醉唯吾独醒”，“身陷泥淖之中”毅然放弃富贵生活而殉国；陶渊明“少无适俗韵”而寄身草野。一个心智成熟、有独立思想的人，最重要的标志就是不随波逐流。

君子为人，和而不流。小事“和”，大事“不流”。为人处世，非原则问题上应谦和礼让，宽厚仁慈，多点儿糊涂，但在大是大非面前，应该保持清醒。见不仁、不义、不善之举应阻之、正之。如果明知他人在行不善、不义之事，却因为亲情、友情而忍之，这是一种很自私的趋避。

一味地随波逐流，会让我们失去独立思考的能力，也会让我们失去做人的最根本。而坚持原则，坚持真理，不随波逐流，更是一种勇气和精神。这样做的确会冒得罪他人的风险，也难免会因得不到他人的理解而受委屈，然而这种公正的品德终会赢得世人的尊敬。

《说唐》里鼎鼎大名的尉迟恭是一名骁勇善战的将军，却不知在唐史里他也是一位以“和而不流”著称于世的君子。有一天，唐太宗李世民和礼部尚书唐俭下棋。唐俭是个性子很直的人，平时不善逢迎，又喜欢逞强，与皇帝下棋时不惜使出自己的浑身解数，把唐太宗打了个落花流水。唐太宗心中十分不快，想起他平日里的种种不敬，更是压抑不住内心的怒火，于是他立即下令贬唐俭为潭州刺史。还不解恨，他又找来尉迟恭让他去唐俭家里试探，听唐俭对自己的处理是否有怨言，若有，刚好可以借此机会定他的死罪。尉迟恭听了这个想法后，觉得太宗这种张网杀人的做法太过分，所以当第二天太宗召问他唐俭的情况时，尉迟恭非但没有回答，反而说，陛下请你再好好考虑考虑这件事，到底怎样处理比较好。唐太宗气极了，把手中的玉扳指儿狠狠摔碎，转身就走。尉迟恭见状，也只好无奈地退下。唐太宗回去后，冷静下来想了想，自觉无理，但又不好失面子，于是大开宴会，召三品官入席，自己则主宴并陈词道：“今天请大家来，是为了表彰尉迟恭的品行。因为尉迟恭的劝谏，唐俭得以免死，使他有再生之幸，我也因此免了枉杀的罪名，并加我以知错能改的品德，尉迟恭自己也免去了说假话冤枉人的罪过。得到了忠直的荣誉。赐尉迟恭绸缎千匹以激励大家。”

唐太宗这样做，主要是为了显示自己的“明正”；同时，为此他也感激尉迟恭。假如尉迟恭迎合圣意，按唐太宗的意思去陷害唐俭，又安知唐太宗“明正”起来，不治罪尉迟恭呢？所以，不随波逐流，该坚持的就要坚持，要圆通而不圆滑。

品德高尚之人，和顺而不随波逐流，这才是真正的强人。翻开历史，我们经常会看到怀才不遇的文人，一是因为自己的才华没有别人发现，而无用武之地，二是由于胸怀天下，满腹诗书，但生不逢时，又不愿助纣为虐，而廉洁自律，刚正不阿。于是寄情山水之间，云游四方，留得清名于后世。像屈原、陶渊明、文天祥，这些真正胸怀远志的人，才能矢志不移，为了理想而平静地对待一切不公平的待遇，忍受常人不能忍受的精神折磨和肉体创伤。

枭的叫声是天生的，是不能改变的。枭作为益鸟，它完全能够用自己的行动改变人们对它的成见。枭坚持自己的叫声，就是坚持自己的原则，保护个性。在现代社会，你总有不适应的地方，你能一味迁就它吗？不行。你应该坚持原则，坚守真理，不随波逐流。每个时代都有它的性格，并逐渐成为潮流。不过潮流也在改变，改变之后又是一个潮流，如此反复，环境毕竟是被人牵着鼻子走的。我相信，环境是因人而变的。只有那些勇于改变环境的人，不满足于自己的处境，想方设法去改变它，才能让自己和周围的环境一起成长，最终成为社会进步的主流。

认清自己，坚持自己

公生明，诚生明，从容生明。

1930年，李叔同从小雪峰到泉州承天寺与性愿法师相聚。有一天，寺里来了一位省府参议厅的官员，他是受参议厅之托来请李叔同出山参政，委以重任的。面对这样的好事，李叔同是这样答复的："老僧一心向佛，不宜参与国事，何况国土破碎，日寇入侵。和尚乃以劝善为己任，对于日军在中国犯下的滔天罪行，靠一个老和尚有何作用，请居士不妨到别的庙里看看。"李叔同就这样婉言谢绝了政府官员的邀约。

是他真的不关心民族的生死存亡吗？当然不是。李叔同一直在力所能及的范围内抵制日寇，为中华民族的崛起而抗争。

“七七”事变之后，日军发动全面侵华战争。李叔同在福建温陵潸然泪下，对弟子说：“我们吃的是中华之粟，所饮的是温陵之水，身为佛弟子，于此之时，不能与国家共患难，为佛家张点体面，自揣不如一只狗，狗尚能为主人守门，我等一无所用，而犹腼颜受食，能无愧于心吗！”之后，法师写了“念佛不忘救国，救国必须念佛”的警句呼吁僧人救国。

李叔同不过是想做一个恪守本分的和尚，他与世无争的本性决定了他不会担此大任。如果他答应了，就是对国家、对民族的不负责任。李叔同很明白自己的能力有多大，也很清楚自己真正想要什么，换句话说，他因为认清自己而做出了最明智的决定。

在一定意义上，可以把“认清自己”理解为认识你最内在的自我，那个使你之所以成为你的核心和根源。认清了这个东西，你才能知道怎样的生活才是合乎你的本性的，你到底该要什么和能要什么。

其实我们平时与人相处，那个最内在的自我一直是在表态的，只是往往被我们忽略了。我们做什么事，与什么人相处，会发自内心感到喜悦，或者感到厌恶，那便是最内在的自我在表态。因此，知道自己最深刻的好恶就是认清自我，而一个人在世界上如果有了自己真正钟爱的事和人，就可以算是实现自我了。

有一个孩子从上学第一天开始，一直是班里的最后几名。整个小学生涯，都没什么特别擅长的科目，以至于现在采访他当年的同学，大多数人对他都没有印象，实在太普通了，成绩也不好。只有一个同学还记得他——每次考试成绩出来，他都是阴着脸。

几年的小学生涯中，他被生物学深深吸引，他曾因为在学校养过上千条毛毛虫而引起老师和同学的强烈反感。这算是小学时期他给人最特别的记忆了。

十五岁时他就读于伊顿公学，如愿读上生物课，这是他最喜欢的课程，但他的生物课成绩在二百五十个男学生里面倒数第一，其他科目也牢牢垫底，被同学讥笑为“科学蠢材”。学科成绩是倒数第一，还梦想将来要做科学家，确实让人觉得荒谬可笑。

他的老师加德姆曾写过一份报告：“我相信他有成为科学家的志向，但从他现在的表现来看，这十分荒谬可笑。”这位教师还认为他“没法明白最简单的生物学事实”，继续教他“简直是在浪费彼此的时间”。

尽管他成绩很差，老师也认为没什么坚持下去的必要，但他没有放弃，依然继续自己的想法，他觉得哪怕不能成为科学家，也应该满足自己的爱好。

中学毕业申请牛津大学时，由于成绩不理想，他被古典文学研究系录取。招生主任找到他，跟他商量说，牛津可以录取你，但是有两个条件：第一，必须马上来上学；第二，不要学习入学考试的科目。

换句话说，牛津大学录取他的条件，就是不允许他研究生物专业，或许在老师看来，以他的成绩，真的不太适合当科学家。不如去学习他所有成绩中看起来相对说得过去的古典文学，这也许是老师对一个孩子的关心，坚持固然重要，但错误的方向，会直接导致他离成功越来越远。

但是，他仍对生物学情有独钟，在牛津大学学习了一年的古典文学后，他申请转入生物系，再次被老师拒绝，老师听说过他的生物成绩，拒绝了他的加入。虽然不被人们相信，他还是选择坚守自己的爱好，曲线选择了动物学研究，这跟生物学有很大的关系。

这一次，不仅是老师，连一直跟他站在一边的母亲，也反对他转系，在母亲看来，英国的古典文学专业，在世界上都很有声望，放下这么好的课程，去选择冷门的动物学，并且是他成绩很差的专业，简直是一件疯狂而又荒谬的事。

他十分倔强，一如既往地坚持自己的意愿，拗不过的家人，只好放任他的选择，如愿以偿，他终于开始自己钟爱的科研生涯。此后的时间，他把全部精力都交给了生物研究，可是，他实在是“太笨了”。同届的同学，有的发了大财，有的出版了小说，甚至生物研究专业的同学也都小有成绩了，只有他，还是默默无闻，每天忙忙碌碌，不知道在折腾什么。

单纯的喜欢，而不是成绩的指引，让他顶住了所有的压力，最终在生物学领域“化茧成蝶”，1958 年，他完成了博士学位，同时，他从蝌蚪细胞中提取出了完整细胞核，成功克隆出了一只青蛙，一举成名，被称为“克隆教父”。

从牛津读完博士后，他又去加州理工学院完成博士后学业，自 1971 年开始，他就一直在剑桥大学工作，如今，他仍坚持全职工作。2012 年，他以在细胞核移植与克隆领域的先驱性研究荣获“诺贝尔生理学奖”。

约翰·伯特兰·格登，曾经班里最差的学生，六十四年以后的今天，成为世界公认的同时代最聪明的人之一。在他现在的剑桥大学办公室里，一直挂着当初老师写的那份报告，他用这份报告告诉自己：认清自己，即使失败也不要放弃。

最了解我们的人，往往是我们自己，喜欢，就坚持奋斗下去，哪怕你是最差的那一个，这无关成功，只是因为喜欢，因为你认清了自己，这便是最好的理由。

莫强顺人情

> “强顺人情，勉就世故”八个字，误却你一生大事。

人只有懂得反观自心，才知道自己真正想要的是什么，不要盲目随波逐流。你对这些人情世故过分勉强的随顺，就容易随波逐流，迷失自我。

从前有一个统治众多小国的国王，虽如理如法主持国政，但治理下的国家依然饱受旱灾侵袭，长时间滴雨不降。国王于是自我谴责，认为干旱原因是由于自己管理不善所致，于是他向年长的大臣询问解脱饥荒良策。大臣们协商后一致向国王谏言:“只有杀牲祭祀才能使天降雨水,我们都主张实施这种方法。”

国王原本就宅心仁厚，他对众人所提的杀害众牲建议非常不满。不过因他历来对臣民都很随顺，从来没有用粗言恶语对其痛斥贬损，所以他只岔开众人话题，心里却打定主意坚决不采纳这个建议。大臣们并不知道国王的心思，还继续大谈杀牲供祭的具体措施。国王深深为其感到悲哀：这种人都是随波逐流之辈,自己一点儿观察能力都没有,还要对别人妄说不善之道。他们自以为杀害众牲就能让天降大雨根本就是谬论。

虽然国王心里是这么想的，但他表面答应道：“你们都是一心一意为我出谋划策，现在我想杀死一千人以求降雨，希望你们备好所需资具，并选择好吉日。”大臣们听后都十分害怕，但表面上却应承道:“国王,您先休整下,我们来做具体供施准备。只不过要是不分青红皂白去抓捕一千人的话,一来怕民众不服，二来也怕他们对国王您灰心失望，所以还是小心谨慎点儿比较好。”

其余大臣听到后都随声附和，称“言之有理”，国王抓住机会说：“你们不用担心会遇民众反抗，或者对王政灰心失望，我自有解决办法。”国王随即就召集城中人说道：“我要用一千人求降雨，但是他们又没犯什么错，我如果把他们杀了未免也太不讲道理，所以从今天起，你们之中如果有谁做了违抗我命令或者犯法的事儿，我的耳目都会洞察到。如果真有这种人存在，无论在何时何地，我都会把他们抓起来杀掉，用来代替供祭所用的牲畜。”

城里的人们纷纷合掌禀告说：“大国王，您长期关爱众生，在您慈心护育下怎么可能有违法或违背你命令的人呢？您的所作所为百姓都赞叹。从今往后，我们一定依法奉行。”

国王派出得力的大臣去四处视察，打探有没有作恶的人可以抓捕。他同时派人到处观察，并且每天在各地报道：“民众均需遵纪守法，为了民众的利益，违法的人必须代替一千牲畜被杀死以求降雨。从此以后，胆敢违背国王意愿的，一定把他拴在供神柱上，代替牲畜充作供品。”听到这个消息后人们都胆战心惊，从此之后，众人洁身自律，再也不敢做坏事，大众全部自律、互爱，人与人之间那种敌对、紧张的关系都渐渐消失了，变得互敬互爱、互喜互利，分配公允、合理，整个世间都充满一片祥和快乐。

当国王看到诸大臣都对自己满意、生信之时，就对他们下令说：“我极欲保护所有民众，所以现在要捐献财产给百姓。为圆满捐献之举，我要把自己一生积累的财富全部散尽，希望民众能随意接纳。你们也应该在各地建造专用布施房屋，老百姓缺什么，你们就捐什么。”就这样，慢慢地所有的贫穷渐渐都消除了，人们越来越富有。

人类的生命是渺小的，当这个生命浸泡在浮躁与虚荣的俗流中时，不必刻意寻求伟大，也不必强顺人情，只需把心境漂洗清爽，拥有一份真实的清新，顺从自己的内心，就能画出最自然的生命轨迹。

人生在世，贵在坚持

人只要用心、坚持不懈地参悟下去，最终就会达到最高的境界。

骐骥一跃，不能十步；驽马十驾，功在不舍。同样的，成功的秘诀不在于一蹴而就，而在于你能否持之以恒。

李叔同就是这样一个坚持不懈的人，就拿“断食”举例吧。俗话说：“人是铁，饭是钢，一顿不吃饿得慌。”一般的人一天不吃饭，就已经痛苦难忍了，更不用说十几天了。可李叔同坚持了下来，并圆满完成了自己的目标。他觉得自己“身心灵化”。

坚持让李叔同成功了，并领悟到“断食”的妙处所在。可见，无论做什么事情，只要能够坚持下去，就能成功。

“咬定青山不放松，任尔东西南北风”，讴歌的是坚持不懈的精神；“千淘万漉虽辛苦，吹尽狂沙始到金”，提倡的也是坚持不懈的精神。《精卫填海》《愚公移山》的神话故事称颂的是坚持不懈的伟力；司马迁写《史记》，李时珍著《本草纲目》说明了坚持不懈的可贵。这些名句、神话和历史故事告诉我们一个真理：“人生需要坚持不懈的精神。”

曾有这样一个故事。新生开学，“今天我们只学一件最容易的事情，每个人的胳膊都尽量往前甩，然后再尽量往后甩，坚持每天做三百下。”老师说。

一个月以后有90%人在坚持。又过了一个月只剩下80%。一年以后，当老师再次问：“每天还在坚持三百下的请举手！”整个教室里，只有一个人举手，这个学生名叫柏拉图，后来成了世界上伟大的哲学家。

还有一个故事。1987年，孟乔波十四岁，在湖南益阳的一座小镇卖茶，一毛钱一杯。因为她的茶杯比别人的茶杯大一号，所以卖得很快，那时候的她总是快乐地忙碌着。

1990 年，她十七岁，她把卖茶的摊点搬到了益阳市，开始改卖当地特有的“擂茶”。擂茶的制作流程很麻烦，但也卖得起价钱。那时候的她依然为自己的小生意忙忙碌碌。

1993 年，她二十岁，仍是卖茶，不过卖的地点又变了，在省城长沙，由小摊点变成了小店面。客人进门后，必能尝到热乎乎的香茶，尽情享用后，他们或多或少会掏钱再拎上一两袋茶叶。

1997 年，她二十四岁，十年的光阴里，她始终在茶叶与茶水间摸爬滚打。这时，她已经坐拥三十七家茶庄，遍布长沙、西安、深圳、上海等地。福建安溪、浙江杭州的茶商们一提到她的名字，莫不竖起大拇指。

2003 年，她三十岁，她最大的梦想终于实现了。“在本来习惯于喝咖啡的国度里，也有洋溢着茶叶清香的茶庄出现，那就是我开的……”说这句话时她已经把自己的茶庄开到了新加坡和中国的香港。

从这两个故事中我们可以发现：只有坚持不懈，才能成功。任何伟大的事业，成于坚持不懈，败于半途而废。我们每天的奋斗就像对参天大树的一次砍击，头几刀可能无关痛痒，每一斧砍下去似乎都太微不足道，然而，绳锯木断，水滴石穿，一刀刀累积下来，巨树终会倒下。

其实，世间最容易的事是坚持，最难的也是坚持。说它容易，是因为只要你愿意，就一定能做到；说它难，是因为能够坚持每天做的，毕竟只是少数人。巴斯德有句名言：“告诉你使我达到目标的奥秘吧，我唯一的力量就是我的坚持精神。”冲刷高山的雨滴，吞噬猛虎的蚂蚁，照亮大地的星辰，建起金字塔的奴隶，因为一点一滴的坚持，创造了一个又一个不可思议的奇迹。

生活中的每个人都会面临这样的选择：是坚持不懈还是放弃自我，这样的问题常常困扰着我们。如果是弱者，不仅会选择放弃自我，低头认输，而且还能找出很多理由说服自己；只有强者才会选择坚持不懈，哪怕最终失败也要搏上一搏。

经验的积累是一个长期艰苦的过程，没有毅力就很难取得应有的成果。

人生没有捷径可走，奋斗的过程本身就是非常艰苦的。想要成功，就要有永不言弃的精神和坚持不懈的拼搏。为什么我们总是缺乏毅力，不能坚持？首先，可以尝试给自己定个目标，为目标写日记。这样可以让我们更有目标规划，更有坚持性。你可以写下自己当天做了什么，你对自己所做的事的评价、感受，以及应该吸取哪些经验教训，有什么好的改进方法等。通过这种自我交流，你会越来越有毅力和信心。过段时间以后，再回过头看以前的日记，可以见证你的成长和进步，你会因此倍受鼓舞，充满成就感。其次，你可以用榜样激励自己，苏轼说：“古之成大事者，不唯有超世之才，亦必有坚忍不拔之志。”古今中外有所成就的人，都要通过坚持不懈的努力。找一个你的偶像，读读他的传记，用榜样的力量激励自己。

失败的时候不气馁，勇往直前往前走。成功的时候不骄傲，忘却昨日的一切，是好是坏，都让它随风而去。从“昨夜西风凋碧树，独上高楼，望尽天涯路”，到“衣带渐宽终不悔，为伊消得人憔悴”，再到“众里寻她千百度，蓦然回首，那人却在灯火阑珊处”，我们都应该坚持生命的困惑、领悟和真谛。只有这样，在你到暮年的时候，回想起来，才会觉得没有虚度光阴，才会觉得自己的整个生命都充满了价值。

迷途知返，内心则静

不为外物所动之谓静，不为外物所实之谓虚。

这句话的意思是：不被外境物欲诱惑叫作“静”；不因外境而生染着，据为实有，才叫清虚。

清心寡欲，确实很难做到，一般人总是看重眼前的享受，而看不到随后将要发生的事情，被欲望所蒙蔽。于是随着欲望无休止的增长，追逐贪求，而生出种种喜怒好恶，心境也开始随之起伏摇摆。于是就有了求不得、爱别离等种种烦恼，苦不堪言，又怎么能清静下来呢？人所以会被物欲诱惑，往往是把外界当成确实可以存在的实体，于是生起得失利害的分别。只有通达事实真相,心有明确的目标,才不会随着外界而执着分别。

一个五彩纷呈的世界，能吸引我们、诱惑我们、打动我们的事物太多了。所以有很多人因为抑制不住内心的欲望、经受不了外界的诱惑而走上了错误的道路，或者迷失了自己曾经的目标，甚至放弃了最初的梦想。此时，能及时迷途知返就显得格外重要。

慧远禅师年轻时喜欢云游四方。有一次，他遇见了一个嗜烟的行人，两人一起走了很长一段山路，然后去河边休息。那位行人赠了慧远禅师一袋烟，慧远禅师欣然接受，然后他们就在那里聊天，由于聊得投机，那人便又送给他一些烟草和一支烟管。两人分别后，慧远禅师心想：这个东西让人很舒服，这样下去肯定会打扰我禅定，还是趁早戒掉的好。于是就把烟管和烟草统统扔掉了。

后来，他又迷上了书法，每天钻研，竟然小有所成，有几个书法家对他的书法赞不绝口。他转念一想："我偏离自己的正道了,再这样下去,我很有可能成为书法家,但成不了禅师了。"从此他一心参悟，舍弃了一切与禅无关的东西，终于成为了一位禅宗大师。

人总是喜欢那种“据为己有”的成就感。但是正像《红楼梦》中的那首《好了歌》唱的那样：“世人都晓神仙好，惟有功名忘不了！古今将相在何方？荒冢一堆草没了。世人都晓神仙好，只有金银忘不了！终朝只恨聚无多，及到多时眼闭了……”纵观我们的一生，经常要面临着无数选择和舍弃，这时就需要有一份果敢舍弃的胆识和智慧，放手那些原本不属于自己的人与物，远离那些会成为深渊、绊脚石、陷阱的东西。迷途知返，内心才安宁。人的一生如果能够不断地“知非即舍”，那他的人生也一定会轻松、洒脱、健康许多。

人清楚自己的目标固然可贵，但更重要的是要坚持不懈、一心一意地履行，一旦感觉自己偏离了目标，就要及时改正，只有这样才能真正实现自己的目标！

欲望可以推动人们前进，也可以成为堕落的源头，所以一定要克制自己，不要被欲望所驱使，内心才能更清净，才能更好地一心追求自己的目标。

有一个和尚，自出家以来，父母就一直说服他还俗，一再以亲情和丰厚的财富试图动摇他求道的信心。而他自己也一直徘徊在亲情与信仰之间，举棋不定，苦恼不堪。

有一天，他终于鼓足勇气向师父禀明，请师父为他开示如何降伏内心的烦恼。

于是师父给他讲了这样一个故事：有一位锄头贤人，他原本是个农夫，他嫌种田辛苦，于是就出家了。出家后，觉得很不习惯，就又还俗回去种田。但是种田实在太过劳累，想想，还是出家没烦恼，就又去出家。出家后，他又无法忍受每天早晚的精勤修行，为了不辱佛门质朴清净的形象，又再度还俗。如此出家、还俗，反反复复，总是不能持久。

终于，他维持了一段长久的出家生活，没再动过还俗的念头，忽然看到一把从前用过的锄头，心头一震，又想起从前农夫的日子，日出而作，日落而息，多逍遥啊，忍不住就拿着锄头，一路走一路想，不知不觉到了江边，望着滔滔的江水，他终于下定决心："都是这把锄头害得我不能安心礼佛。唉！人生苦短，有多少岁月经得起蹉跎啊！今天下定决心不再还俗了！"他毅然决然地把锄头抛入江中，看到锄头迅速淹没在江水中，泛起阵阵涟漪，他心中所有的挣扎也随之消失，心里顿时释然。

第六课——懂珍惜

珍惜当下拥有，莫被贪婪迷惑

具缚凡夫，若无贫穷疾病等苦，将日奔驰于声色名利之场而莫之能已。谁肯于得意烜赫之时，回首作未来沉溺之想乎？

盲目追逐不如好好用心经营自己的所有，沉迷于别人的拥有，而忽略自身的生存和驾驭能力，终将一败涂地。

李叔同曾教诲那些沉迷于世俗的人们：“具缚凡夫，若无贫穷疾病等苦，将日奔驰于声色名利之场而莫之能已。谁肯于得意烜赫之时，回首作未来沉溺之想乎？”

被烦恼和欲望束缚的人们，即使没有贫穷疾病，也不一定会顺畅一生。盲目羡慕别人，只会让自己在欲望的泥潭里越陷越深。更想不到，别人的幸福也许是自己的坟墓。

从前有两只鸟，一只在笼里，一只在野外。笼子里的鸟每天三餐无忧，在外面的鸟则自由自在。两只鸟经常在一起交谈。笼子里的鸟向往外面的鸟的自由，外面的鸟却羡慕笼鸟的安逸。一天，笼里鸟跟笼外鸟商量说："咱们换换？笼外鸟同意了。于是，笼子里的鸟飞向了大自然，野外的鸟走进了笼子。从笼子里走出的鸟终于获得自由，在天空尽情飞翔；走进笼子里的鸟也很开心，它再也不用为终日忙碌觅食而发愁。但没过多久，两只鸟都相继死去。一只饿死，另一只忧郁而死。从笼子里走出的鸟获得了自由，却没有得到捕食的本领；走进笼子里的鸟获得了安逸，却没有得到在狭小空间生活的平和。很多时候，人们往往对自己的幸福熟视无睹，却转而羡慕别人的幸福，但是从没想过也许别人的幸福对自己并不合适。

人要学会知足，一个人只有珍惜现在拥有的，才是幸福安乐之法。正所谓："知足之法，即是福乐安稳之处。知足之人，虽卧地上，犹为安乐；不知足者，虽处天堂，亦不称意。不知足者，虽富而贫；知足之人，虽贫而富。"

如果你能做到事事知足，你就能控制自己无限膨胀的欲望，做到平淡自足。人生的起伏，欲望是其根源。如果我们能在每一刻自我关照、自我控制，长养智慧与安详，没有忧虑、恐惧、攀缘，离开一切执念，就能拥有统一和谐的心灵，幸福自然在你的手中。

但人常常像《渔夫和金鱼》故事里的老太婆一样，知多知少难知足，要了木梳要木盆，要了木盆要木屋，要了木屋要皇宫，最终落了一场空。

与老太婆的故事异曲同工的还有一位农夫的故事。这位农夫每天在一小片贫瘠的土地上辛勤劳作，但只有极少的收成。一位官员非常同情农夫的境遇，对农夫说，只要他能不停往前跑，跑到哪里，哪里的土地就归他所有。

于是，农夫兴奋地一直向前跑，跑累了，想停下休息，然而，一想到家里的妻儿，需要更大的土地来耕作赚钱，就又拼命往前跑，最后农夫上气不接下气，实在跑不动了。他转念一想，将来自己年纪大，可能没人照顾，需要钱，于是打起精神，气喘不已，再奋力向前跑。最后，他终于体力不支，“咚”的一声倒在地上死了。

在我们的生活中，到处充满着能让人丰衣足食的机会。也有很多令人幸福的东西，我们却偏偏对自己的幸福视而不见，转身去追求其他的东西。最根本的原因，就是没有一颗知足的心。有了贪恋，就永远不知满足，永远感到欠缺。因此，一颗知足的心才能真正的宁静，真正的幸福。

珍惜你当下拥有的一切，不要被心中的贪念迷惑。因为贪念而放弃现在所拥有的事物的人，是最愚蠢的。因为固执地追求自己得不到的东西，而放弃眼前唾手可得的幸福，是最不值得的。

一个部落首领的儿子在父亲去世后承担起了管理部落的责任。他整日游手好闲，不务正业，急于扩张自己的领土，却又没什么大的能力，于是，部落的势力很快就衰败了；在一次与仇家的争战中，他被仇家擒获。仇家的首领决定第二天把他斩首，但是可以给他一天自由活动的时间，而活动的范围只能在一片指定的草原上。

当他站在茫茫的大草原上时，顿时感觉自己完全被整个世界抛弃了，脚下的大地将很快成为自己的最终归宿。他回忆起自己曾经挥霍糜烂的日子，想起自己部落中辛苦劳作的牧民和那些骁勇善战的战士，心里追悔莫及。

他想，如果上天再给自己一次机会，能让自己再重来一次，他一定会好好珍惜，绝对不会是现在这个结果。于是，他决定在自己生命的最后几个小时做些事情，来弥补自己以前的过失。

他慢慢地走在草原上，看见很多穷苦的牧民在烤火，他把自己头顶上的珍珠摘下来送给他们；看见跑得太远而迷了路的山羊，他把它追了回来；他主动扶起摔倒的孩子；他还把自己的华贵的大衣送给了看守他的士兵……他终于做了一些自己从未尝试做的事情，觉得自己还是善良的，可以心满意足地结束自己的生命了。

第二天，到了行刑的时候，他轻松地步入刑场，闭上眼睛，等待刽子手结束自己的生命。可是过了许久，刽子手的刀都没有落下，他觉得很奇怪。当他慢慢睁开眼睛的时候，才看见那个仇家首领捧着一碗酒微笑着站在他面前。

那个首领说："兄弟，这一天来，你的所作所为让我重新认识了你，我真的很感动，我们两个部落的牧民本来应该和睦愉快地相处，却因为一些私人恩怨互相杀戮，谁也没有过上太平的日子，今天，我要敬你一碗酒，以后我们冰释前嫌，做好兄弟，如何？"

从那以后，那个纨绔子弟回到了部落，再也没有过挥霍无度的糜烂生活，而是变成了一个勤政爱民、优秀的部族首领。这两个部落的牧民再也没有发生过冲突，彼此融洽和平地生活在草原上。

没有经历过失败、教训和痛苦的人，是不懂"珍惜"二字的含义的。没有经历过战争，就不懂得珍惜和平；没有经历身体的病痛，就不懂得珍惜健康；没有经历过饥饿，就不懂得珍惜粮食；没有经历过失去，就不懂得珍惜拥有。珍惜现在拥有的一切！是现在，不是过去，也不是将来。只有把握好现在，才能拥有无悔的过去和有方向的未来。

知足常乐，活在当下

畏寒时欲夏，苦热复思冬，妄想能消灭，
安身处处同。草食胜空腹，茅堂过露居，
人生解知足，烦恼一时除。

心态决定着人的行为，好心态是一种定力，来源于内心的平和与宁静。好的心态能让我们更好地应对人生的逆境。

李叔同曾用莲池大师的一句话规劝世人舍掉妄想，保持好心态：“畏寒时欲夏，苦热复思冬，妄想能消灭，安身处处同。

草食胜空腹，茅堂过露居，人生解知足，烦恼一时除。”

意思是说天冷的时候，总想着夏天怎么好过。天热的时候，又开始念起冬天的好了，这样想来，总没有舒服的日子。只有去掉妄想，心才安定，只有心安理得才是真功夫。

人活的就是心态。心无旁骛，淡泊名利，看淡人生苦痛，放下妄想执着，以阳光而积极的心态生活，不刻意造作，不曲意逢迎他人，只做简单真实的自己，才是真正的好心态。能做到如此，即使失意，也无所谓得失，坦坦荡荡、真真切切、平平静静、快快乐乐。

保持平和的心态，舍掉妄想，才能看清周围的世界。妄想和执着有关，我们越看重的东西，越容易引发妄想。所以，我们把自己的需求变得简单些，把一切看得淡些，就能减少妄想活动的机会。另外，我们需要培养正念。所谓正念，一方面是对事物的正确认识，如对无常、空、无我的了解；另一方面是建立内在的觉察力，在妄念生出时也能保持观照。这样的话，妄念就会逐渐平息，而不是长驱直入，占据我们的心灵。

很多人都向往着美好的未来，心想：如果我能有很多钱，不知有多好！如果我拥有惊为天人的容貌，不知有多好！如果……有一则童话故事是这样的：

有一个天真无邪的印度小女孩，因为家里非常贫困，刚刚十几岁就必须跟随父母辛苦地工作。

有一天，她到集市上买了一篮水果顶在头上。看到路过的光鲜亮丽、优雅的富家女人，她心里既羡慕又嫉妒，她边走边看，心想：有钱人就是好命！女人可以每天打扮得很漂亮，吃得好、穿得好、住得好，生活又可以过得优雅自在。

她梦想着：希望将来我长大后，也能像这些有钱人家的女儿一样，每天打扮得漂漂亮亮的……要是能被王子看上，我就可以住在皇宫里，享受王子无条件的爱和锦衣玉食的生活，多好，她想着想着，好像自己已经进入了皇宫一样；想象着王子风度翩翩地走来邀她跳舞，她娇羞地欲拒还迎，轻轻摇头。因为想得太入神、太高兴了，忘了头上还有一篮水果，忽然一摇头，整篮新鲜的水果都掉落在地上，摔烂了！这时她才懊恼地想：原来，这一切都只是我的妄想啊！

每个人对自己的未来都有一些设想、一些蓝图；未来的世界总是在心里不断地出现。所以，“想”有时真的会扰乱人心。若不断地被妄想左右，这种“想”就会遮盖我们清净无邪的本性。

我们要明白过去心不可得，未来心不可得，不要用现在的心去寻找过去或未来，而要活在当下，用心经营好现在的生活；并时时去除所执的妄想，让自己的心地像一面干净的镜子，才能照见外境而毫无差错。

心无杂念，保持平常心，是保持好心态的最有效方法。

有人向禅师请教：“大师，你可有什么与众不同的地方？”

禅师回答：“有。”

“具体是什么呢？”

禅师答：“我感到饿的时候就吃饭，感觉累的时候就睡觉。”

那个人很困惑：“这也算与众不同的地方？每个人都是这样的，有什么区别呢？”

禅师回答：“当然是不一样的！”

“为什么不一样呢？”那人迫不及待地追问。

禅师回答：“他们吃饭时心思却在别处，不专心吃饭；他们睡觉时也总是想别的事，睡不安稳。而我吃饭就是吃饭，什么也不多想；我睡觉的时候从来不做梦，所以睡得踏实。这就是我与众不同的地方。”

那人一脸困惑："这就是你的与众不同之处？"

禅师说道："世上很少有人能做到一心一用，他们在利害得失间穿梭，囿于浮华的宠辱，产生了'种种思量'和'千般妄想'。于是他们被牵绊在生命的表层停滞不前，这是他们生命中最大的障碍，他们也因此迷失了自己，丢失了'平常心'。要知道，只有把自己的心灵融入世界，用心去感受生命，才能找到生命的真谛。"

那人恍然大悟："原来心无杂念的心才是真正的平常心！"

心无杂念，看淡功名利禄，把胜负成败看透，把毁誉得失看破。一切云淡风轻。达到了这一境界，我们无论在任何场合下都能保持最好的心理状态，从而实现完满的"自我"。

拥有好心态的人，懂得体会活在当下的幸福，这是因为他们了解，他们不需要预支明天的烦恼。

一个小和尚，每天早晨负责清扫寺庙院子里的落叶。在清冷的早晨起床扫落叶实在是一件苦差事，尤其是在秋冬时节，每一次起风时，树叶总随风飞舞落下。每天早上都要花很多时间才能清扫完树叶，这让小和尚头痛不已。他一直想找个捷径好让自己不那么辛苦。

后来有个和尚跟他分析说："你明天打扫之前，先用力摇几下树，把落叶全部摇下来，后天就可以不用那么辛苦扫落叶了。"小和尚觉得这真是个好办法，于是隔天他起了个大早，用尽全力去摇树，这样，他就可以把今天跟明天的落叶一次扫干净了。一想到这儿，小和尚就开始沾沾自喜起来。

第二天，小和尚到院子一看，不禁傻眼了：院子里还是跟平时一样落叶满地。

老和尚走过来，意味深长地教诲道："傻孩子，无论你今天怎么用力，明天的落叶还是照样落下啊！"

确实，生活中的我们常常犯了和小和尚一样的错误，那就是我们总是企图把人生的烦恼都提前解决掉，以便将来过得更好、更自在，彻底的无忧无虑。而实际上，很多事根本无法提前完成。过早地为将来担忧，根本无济于事，只能让自己活得很累。

有时候，等烦恼来了，再去考虑也不迟。所谓"车到山前必有路，船到桥头自然直"。况且，你又怎能提前解决明天的烦恼呢？更重要的是，想象出来的烦恼比真正存在的烦恼更加让人困扰。

不要预支明天的烦恼。唯有保持一颗坚定的心灵，即使有任何困难出现，也可坦然去面对、去解决！

把握当下，知足常乐

过去事已过去，未来不必预思量；只今便道即今句，梅子熟时栀子香。

好花要有好心情赏，好心情才能欣赏好风景。人世间并不缺美景，缺的是懂得欣赏的眼睛；天底下处处是幸福，但若没有一双发现幸福的慧眼和一颗感受幸福的心灵，幸福便无处可寻。要想抓住幸福，就要善于发现自身本来拥有的“宝物”，善于享受已经拥有的“宝物”。生活中并不缺少幸福，而是缺少发现。

从前，有个穷人去拜访一位很富贵的友人。朋友看见他穷困潦倒的状况后，十分同情，所以很热情地招待他。穷人开怀畅饮，竟然喝醉了，倒头趴在桌子上呼呼大睡起来。

这时，朋友忽然接到官方命令，要到远方就职，就向他辞行，可是怎么摇都摇不醒他。为了他的将来，朋友想到了一个妙计：把一颗无价的宝珠缝在他的衣领里。之后，朋友就急匆匆地走了。

穷人醒来后并没有发现自己身怀宝物，因不见朋友踪迹，他只好继续流浪，衣衫褴褛，缺衣少食，风餐露宿。

一次很偶然的机会，两人又相遇了，朋友见他依然穷困潦倒，便心疼地问他："我以前留给你的那颗宝珠呢？那可以换很多钱的呀！"

穷人这才知道，自己居然身怀宝物而不知！

其实，我们每个人都身怀"宝物"：或亲情、或友情、或爱情、或工作、或学习、或健康……但我们和故事里的那个穷人何其相像，身怀"宝物"而熟视无睹：我们拥有舒适的学习环境，却不静下心来学习；我们拥有不错的工作，却不懂得努力；我们拥有健康的身体，却不懂得爱护；我们本拥有一个幸福的家庭，却不懂得珍惜……人有时候很奇怪，每每拥有幸福的时候，并不知道这些就是幸福。既然身怀宝物而不自知，也就无法享受拥有“宝物”的快乐和幸福。等到失去“宝物”的那一天，追悔莫及为时已晚！

一个信徒请教禅师：“我是有家室的人了，但是却疯狂地爱上了另一个女人，我该怎么办呢？”禅师说：“你确定她是你最爱的女人吗？”信徒回答：“是的，她给我的感觉十分美妙，她是个很优秀的女人。”

禅师没有回答，只是对信徒说：“你现在看面前香炉里的三根蜡烛，最亮的是哪一根。”信徒说：“亮度都一样呀，看不出来哪根最亮。”禅师接着又说：“你现在拿一根蜡烛，放在你眼前，仔细看看哪根最亮。”信徒尝试后说：“肯定是眼前这根最亮。”禅师说：“那你把它放回原处，再仔细看看哪根最亮。”信徒说：“放回原处后，看不出哪根最亮啊。”禅师笑了笑说：“的确如此呀。”信徒一脸困惑地说：“还望禅师指教。”

“其实你看到的这三根蜡烛，就像是你生命中遇到的女人。你把它放在眼前，用心看时，便觉得它最亮，放回原处后却一点儿也找不到亮的感觉了。你感觉你爱谁时，那是因为你把她拿近了，放在眼前了，这是爱由心生。其实这种爱，只不过是镜花水月罢了，根本经不起时间的考验，到头来终究是一场空。”禅师说。

停顿了一会儿，禅师又接着说："婚姻生活中，人们常常忽略了对方的优点，而放大了对方的缺点。什么是真正的爱、什么又是真正的幸福？能同甘共苦、相濡以沫、彼此包容，这才是真正的爱、真正的幸福。"信徒幡然醒悟，妻子为家、为自己付出的太多太多，抓住眼前的幸福才是最重要的。

很多人的一生，经常因为犹犹豫豫而失去很多机会，包括生活、事业、情感等诸多方面。如果你在抓住幸福前止步，那你只能永远遥望着眼前摇摇晃晃的幸福，当它们离开的时候，你就束手无策了。所以不要在幸福面前犹豫，结果是否美好并不重要，重要的是你要努力地朝着幸福的方向前进，重要的是你要尽情地享受生活。生命中最重要的时刻，不是过去，不是未来，而是现在，就在此时此刻，因为只有现在我们才能真真切切地感受到自己的存在。所以，不要犹豫，抓住当下的幸福吧。

有一个长得十分漂亮的女人，鼓起勇气去向一个哲学家求婚。

年轻的哲学家对姑娘说："让我考虑一下吧！"哲学家用他的哲学思维方式来衡量结婚和不结婚的利弊，后来发现两者利弊相等，于是，他决定尝试一下没有走过的路。

他忐忑不安地找到女孩的父亲说："我考虑好了，我要娶你的女儿。"

女孩的父亲说："很遗憾你已经来晚了，她已经是三个孩子的母亲了。"

不久，年轻的哲学家郁郁而终，死前他烧毁了自己所有的著作，只留下了两句话：前半生不要犹豫，后半生不要后悔！

不经意间，我们就错过了一些生命中最重要的人和事。不是我们不明白，而是我们因为太犹豫而没有抓住，所以生活中才会有那么多的遗憾和不堪回首。

过去的已经成为过去，无法挽回，我们能做的就是把握好当下，抓住当下的幸福，不留遗憾。

学会惜福，俭朴生活自有其乐

宜静默，宜从容，宜谨严，宜俭约。

李叔同幼时虽家境富裕，但他的父亲却十分清楚惜食、惜衣、惜福的重要性。受到父亲的影响，李叔同自幼对于衣、饮、食都非常爱惜谨慎。

道德的最可贵之处在于是否付诸行动，李叔同德行表现的可贵之处便在于他将道德确实落实于平凡的生活当中。

有一次，李叔同送一包纸给一个向他讨要书法的人。那包纸里头包着许多零零碎碎参差不齐的画纸碎条，同时还夹杂着很多长短不一的绳子。他说："我们这些善于书法、绘画的人都有一个很不好的态度，人家送来请他们画画或写字的纸，往往用剩的都被他们没收。我们得一清二楚，什么也不能随便。"

曾有一次，李叔同提醒一个洗菜工，他说："洗菜时多用些水将菜洗净。否则菜中的沙粒洗不去，吃菜时沙塞进我的牙缝中是很辛苦的。不过不必过度地浪费水，可用一次的水将菜多洗两回就成了。同时，洗完的水还可用来浇花，切不可浪费。"

李叔同用自己的实际行动告诉人们什么是"惜福"，虽然生活清贫，但他能够自在其中、自得其乐，俭朴的生活能使人们远离物质生活中的困扰，也能使人的精神轻松自在。

可是没惜福观念的人会说："有这么严重吗！至少我的这一辈子，地球的资源还不至于全部被用完吧？我的子孙那一辈，地球也应该没有问题，肯定不会到毁灭的程度。"地球的资源是有限的，如果我们挥霍无度，自认为是享福，实际上是提前预支子孙的资源，是糟蹋、是损福；糟蹋的越多，损福就越多。这不仅是对物质的糟蹋，也是对众生心灵的损害。

从前有一官宦之家，有财有势，所谓钟鸣鼎食，极尽享受之能事。这家大宅院的旁边，是一处尼姑庵，富贵人家的厨房水沟，需要先经过尼姑庵的后门才能流到大水沟中，老尼师看见水沟中冲流而过的白米饭，心中觉得十分可惜，就捞起来晒干储存起来。数年之后这位官宦之家犯法被抄，一家妇孺被拘禁在尼姑庵中，饥饿难耐之时，老尼师拿出从水沟中捞出的米，为这家人煮了一锅饭，这家人感激涕零，觉得从来没吃过这么好的白米饭。古人说："饥者易为食，渴者易为饮。"就是这个意思。

社会中有良知的人应该如何惜福呢？常存感恩之心才是惜福之道。

世人生活的奢侈程度，彼此之间千差万别。其实吃饭这件事，往简单了说是为了果腹，要求再高点儿就是为了适口——满足口腹之欲。穿衣的最根本则是为了蔽体。古人说："惜衣惜食，非为惜财为惜福。"半碗残饭，值不了几个钱，但想到其间有无数耕作者的劳力与汗水，我们就必须珍惜这半碗残饭。一张普通的卫生纸，不值一提，但想到耗费那么多的自然资源才能造出一张纸，我们就必须爱惜这一张纸。所谓"一茶一饭，当思来处不易；一丝一缕，恒念物力维艰。"如果能有此观念，自然就知道惜福了。

第七课——控情绪

不为情绪所动

人性褊急则气盛；气盛则心粗；心粗则神昏；乖舛谬戾，可胜言哉。

文前的这句话的意思是：一个人如果性情急躁、心胸狭窄，就容易情绪激动，感情用事；情绪激动用心就会粗疏大意，浮躁难安；心思粗浮就会进一步导致神志昏散、头脑不清。

这种种恶果其实都是由于随顺烦恼习气，在境界中不能保持心平气和，急躁狭隘而造成的。陈榕门曾说：“要降伏瞋恚，磨炼忍耐的功夫，不外乎用理智控制欲望烦恼。”明白道理了，理智的力量强，烦恼自然就会平息。西方有句谚语：“上帝要想让他灭亡，必先使他疯狂！”如果控制不住自己的情绪，愤怒就会像决堤的洪水一样淹没人的理智，让人做出不可思议、无法挽回的蠢事。

历史上，因为怒火而烧掉一代王朝的例子数不胜数。刘念台云：“易喜易怒、轻言轻动，只是一种浮气用事，此病根最不小。”无论是君王一怒沙场见，还是冲冠一怒为红颜，多少人为此死无葬身之地，大批珍贵的财富化为灰烬。怒气就像潜在人体内的一桶烈性炸药，随时都可能酿成大祸。哲人告诉我们，遇到这样的情况时，应该修忍辱，降伏怒气。如果态度偏激坚决，不容回转，不但对事情没有帮助，而且终将劳而无功，人人抱怨，自己也很难成就事业，实在是愚蠢到了极点。而如果能忍耐过去，就可以得到无穷无尽的利益。

不为情绪所动，不是没有情绪，而是不被情绪所左右。

一天，美国前陆军部长斯坦顿来到林肯那里，又生气又委屈地说一位少将用极其侮辱性的语言指责他偏袒一些人。林肯听完之后，给斯坦顿提了个建议：写一封内容尖刻的信回敬那家伙。

“可以狠狠地骂他一顿。”林肯说。斯坦顿立马写了一封措辞强烈的信，然后拿给总统看。

“对了，对了。”林肯拍着桌子叫好，“要的就是这个！好好训他一顿，真是写绝了，斯坦顿。”

但是当斯坦顿把信叠好装进信封里时，林肯却连忙叫住了他，问道：“你干什么？”

“寄出去呀。”斯坦顿不以为然地说。

“不要胡闹。”林肯大声说，“这封信不能发出去，赶紧把它扔到炉子里去。凡是生气时写的信，我都是这么处理的。这封信写得很好，写的时候你也解了气，现在感觉好多了吧，那么就请你把它烧掉吧，再接着写第二封信吧。”

人如果被自己的情绪牵着鼻子走，必然会纷扰不断。情绪就像是生长的杂草，时时刻刻试图汲取我们的智慧，改变我们的生长方向，只有克制自己，不为情绪所动，你才能修得一颗宁静之心。遇到什么样的情况都能处变不惊，不为情绪所动，就能抓住更多化险为夷的机会。

心静才能突破困境

有事时却放下此心，坦坦然若无事。有事如无事，镇定方可消局中之危。

静能生慧。让心静下来，你才能看透一切，顺利突破困境。

李叔同尤为主张，有事时应当放下烦躁的心，心态要像坦然无事时一样，心净才能心静；一旦有事就应该像无事时一般，镇定不乱才能消弭面前的危机与艰难险阻。

心静，就是人在思维中靠自己的意志力遏制杂念，屏蔽外界干扰来独立思考一件事情，进而达到物我两忘的境地，实质上是一种意境，更是一种发自内心深处的心态。人一旦进入了“静”界，便会多一些祥和，少一些纷争；多一些幸福，少一些灾祸。

万事都无常，无常即改变，只有了解到无常的人，才会明白遇到困难是很正常的事情，人的一生不可能一帆风顺。得意、失意都是短暂的，只要日常做到心静如水，该坦然时坦然，该镇定时镇定，淡泊一些，在遇到困难时才能扫除心里的障碍。心静才能不乱心智，心智一乱，则百错皆出。

面对困难时，先让自己烦躁的心静下来，慢慢地捋顺自己的头绪，冷静思考，其实有时候静下心来审视整个世界，任何一个障碍，只要你愿意，都会成为一个超越自我的契机，困境有时候也许就是机遇呢。

有一天，素有森林之王之称的狮子，来到了天神面前：“我非常感激你赐予我如此雄壮威武的体格，如此强大无比的力量，让我有足够的能力统帅整片森林。”

天神听了，微笑着说：“但是这不是你今天来找我的主要目的吧！看起来你好像是被什么事困扰了呢！”

狮子尴尬地低吼一声，说：“天神真是了解我啊！我今天来的确是因为我遇到了困难。虽然我的能力很强大，但是每天早上鸡鸣的时候，我总是会被鸡鸣声吓醒。神啊！祈求您，可否再赐给我一种力量，让我不再被鸡鸣声给吓醒吧！”

天神哈哈大笑道：“你去找大象看看吧，它可以给你满意的答复。”

狮子兴高采烈地跑到湖边找大象，还没看见大象，就听到大象“砰砰砰”的跺脚声。

狮子连忙快速跑向大象，却看到大象正在气呼呼地跺脚。

狮子问大象：“你干吗发这么大的脾气？”

大象痛苦地摇晃着大耳朵，吼着：“有只小蚊子好讨厌，总想钻进我的耳朵里，害我都快痒死了。”

狮子离开了大象，心里暗自思忖：“体型这么庞大的大象，竟然还会怕一只小小的蚊子，那我还有什么好抱怨呢？鸡鸣再聒噪，也不过一天一次，而蚊子却无时无刻不在骚扰着大象。这样一想的话，我可比他幸运多了。”

狮子边走边回头看着仍在跺脚的大象，心想：“天神要我来看看大象的情况，估计就是想告诉我，谁都会遇上麻烦事，而它也无法顾及所有生物。既然如此，那我只好靠自己了！仔细想想，其实每天早上的鸡鸣，我完全可以当作鸡是在提醒我该起床了，如此想来，鸡鸣声对我还算是有益处呢？”狮子这样想着，心里顿时明朗了许多。

人生的一切浮躁和贪念都来自不清静、不安稳的心。人如果都能有心静的自然和谐，有修身养性的处事态度，远离悲观厌世的消极逃避，能控于己、制于心，方可万事不乱。

伟人的一生都是与困难和挫折同行的，而伟人之所以能成为伟人，就是因为他们一生都在用强大平和的内心与困难并肩作战，并从中获取经验，久而久之，这些人就成了成功的宠儿，所向披靡。突破困境要有一种超于常人的智慧，这智慧能体现一个人卓越不凡的思维方式，但方法永远都只是工具，关键是你要静心去想如何突破。下面就让我们看看历史伟人的事例吧。

司马迁是我国西汉时期伟大的史学家和文学家。他受当史官的父亲熏陶，自小就了解诸多历史知识，因而对历史产生了浓厚兴趣。他从二十岁开始，便有了几次全国性的游历，获得了史籍上没有的大量史料，同时初步了解了全国的地理环境，广泛接触广大人民和现实生活的经历更使他立志要写一部空前的史书。为了集中精力写好这本书，他杜门谢客，每天一办完公事，就钻进书房，一直写到半夜。正在他写得相当顺利的时候，一件意外的事使他不得不中断写作。他过去的同事李陵，跟着李广去攻打匈奴，结果寡不敌众，最终投降了敌人。由于他对李陵的印象很好，之前的关系也一直不错，就上书为李陵辩解，说他是假投降，不要深责。当时汉武帝看后，龙颜大怒，立马就下令把他关进大牢。司马迁在狱中，受尽了折磨，但他还一心想着出狱后完成他的书稿。谁知一年以后，不仅没有获释，朝廷反而加重了刑罚，对他施以宫刑。这个消息对于他来说，简直是晴天霹雳，他当时真想一死了之。但只要想起自己未完成的书稿，他就不忍心放弃，于是咬紧牙关，接受了这残酷野蛮侮辱人格的刑罚。后来，他遇赦出狱，并奉旨当了中书令，但那些官僚们却仍然明里暗里嘲笑他。他强忍肉体的痛苦和精神的双重打击，继续撰写他的书稿。一天，他在自己的书房，望着窗外的古柏渐渐陷入沉思，猛然又想起自己的种种遭遇，顿时怨气直冲脑顶，头上过早出现的华发仿佛都一根根竖了起来。他想："我是为了这书稿才活下来的，从今以后我一定要像窗外的那棵古柏一样，不怕风吹雨打，坚持写到底！"就这样，靠着顽强的意志和坚定的心态他整整写了十八年，直到成为六十岁老人的时候，才完成五十二万多字的辉煌巨著——《史记》。如果从当年二十岁搜集资料时算起，一共用了四十年的时光。

司马迁忍辱负重，苦心经营，才完成了《史记》这本史诗级巨著，这苦心便是静心谋事，静心做事，不能静心，他会成功吗？

静下心来，慢慢地思考，慢慢地琢磨，才能使自己的人生不留任何的遗憾。

打败你的是内心的浮躁

时当喧杂，则平日所记忆者皆漫然忘去；
境在清宁，则夙昔所遗忘者又恍尔现前；
可见静躁稍分，昏明顿异也。

我们常常坐卧不宁，心不在焉，耳边心里尽是聒噪的百态和无穷无尽的冥思，浅尝辄止，患得患失，从这一刻开始，浮躁已经打败了我们。有偈子云：身是菩提树，心如明镜台。时时勤拂拭，勿使惹尘埃。然而在快速发展的今天，没有“鸡汤”滋润的心开始沙化，浮躁也时不时地在人们的心房出没了。

当周围喧嚣杂乱而使人心情浮躁时，平日里自己所熟悉的事物都会忘得干干净净，当周围环境安静使人的心情平静时，以前所忘掉的事物又会忽然重新浮现。可见心神的浮躁和宁静只要稍有不同，昏暗和明朗就会迥然不同。

浮躁是一种焦虑不安的心态，是一种随波逐流的处世风格。浮躁的人没有定见，没有定力，总是人云亦云。浮躁的人在庸人堆里小心翼翼地遵守着“游戏规则”，不敢越雷池半步，而自己又急功近利，患得患失，一心争强好胜，唯利是图。最后被浮躁蒙蔽了双眼，反而弄巧成拙。毕竟，没有独立思考，何来独具慧眼？没有特立独行，何谈人格魅力？遇到困境时，只有克服内心的浮躁，以从容淡定的心态面对，才能另辟蹊径，脱离困境。

从前有一位大寺庙的方丈，因年事已高，心中思忖着找个有慧根的接班人。一天，他把自己的两个得意弟子叫到面前，他们分别是慧明和尘元。方丈对他们说：“你们俩谁能凭一己之力，从寺院后面悬崖的下面攀爬上来，谁就是我的接班人。”慧明和尘元一起来到悬崖下，那真是一座让人望而生畏的悬崖，几乎没有什么可攀附的东西，崖壁极其险峻陡峭。

身体相对健壮的慧明，信心百倍地开始攀爬。但是没多长时间他就从上面重重地摔了下来。慧明自然不甘心，爬起来重新开始，有了上一次的经验，这一次他更加小心翼翼，但最终还是从悬崖上滚落下来。慧明稍事休息后又开始攀爬，尽管摔得鼻青脸肿，他也一直坚持……让人感到遗憾的是，他拼尽全力，爬到一半时，因气力已经用光，又没有可以休息的地方，重重地摔在一块大石头上，当场昏了过去。方丈不得不找了几个僧人用绳索把他救了回去。

接着轮到尘元了，他用的也是和慧明同样的方法，竭尽全力地向崖顶攀爬，结果也同样屡次失败。尘元紧握绳索站在一块山石上暂时缓解疲劳，他打算再试一次，但是当他不经意地向下看了一眼以后，突然放开了手中的绳索。然后他整理了下衣衫，拍掉身上的泥土，扭头向着山下走去。旁观的众僧都十分困惑，不知道他究竟要干什么，难道尘元就这么轻易地放弃了？大家都交头接耳，议论纷纷。

只有方丈默默地看着尘元的一举一动。尘元到了山下，沿着一条小溪流顺水而上，穿过树林，越过山谷……最后轻轻松松地就到达了崖顶。当尘元回到方丈面前时，众僧都以为方丈会批评他贪生怕死，胆小懦弱，说不定还会把他逐出寺门。没想到方丈却微笑着宣布尘元将会是新一任方仗。众僧都惊讶得说不出话来，不明所以。尘元向同修们解释："单靠体力的话，是没有人可以攀爬上寺后悬崖的。但是到了山腰处，只要低头向下看，便能看见一条上山之路。"方丈满意地点了点头说："如果被名利所捆绑，心中面对的就只有悬崖绝壁。天不设牢，而人自在心中建牢。在名利的牢笼之中，有各种徒劳苦争，轻的话苦恼伤心，重者伤身损肢，极重者粉身碎骨。"然后方丈把衣钵和禅杖交给了尘元，并语重心长地对大家说："攀爬悬崖，主要是为了考验你们的心态如何，能挣脱名利的牢笼，克服内心的浮躁，心中没有障碍，才是我看中的人。"

世间像故事中的慧明一样，急于求成的人不在少数，他们不甘平庸，急于完成自己的理想，却没有步步为营的沉稳。因为急功近利，所以往往操之过急，结果，欲速则不达。浮躁，是我们内心深处的魔鬼在作怪，这个魔鬼是妒忌，是虚荣，是彻底的迷失。在自己想要的东西面前，因为浮躁，很多人彻底失去了思考的能力和低头回望的从容。而低头回望，并不意味着放弃和信念的不坚定。那只是让我们可以有更多的选择和回旋的余地。

李叔同认为常怀一颗宁静致远的心是打败浮躁的必备武器，也是人生的一种境界。我们要学会满足，踏实做事，让自己身心都处于一种宁静祥和的状态，这样才能触摸灵魂深处的宁静。

曾经有这样一个小故事：三伏天，禅院的草地枯黄了一大片，徒弟看到了，心里特别着急，赶紧对师父说："快撒些草籽吧，别等天凉了。"师父挥挥手说："随时。"中秋到了，师父买了一大包草籽，把徒弟叫过来，让他去播种，秋风疾起，草籽飘舞。"草籽都被吹散了。"小和尚惊慌地喊道。"没关系，吹去者多半中空，就算落下来也不会发芽。"师父淡淡地说，"随性。"刚撒完草籽，几只小鸟就跑过来啄食，小和尚又开始着急了。

师父头也不抬地翻着经书说："没关系，随遇。"半夜时分，电闪雷鸣，风雨大作，一场大雨倾盆而下，弟子冲进禅房："这下该怎么办，草籽全被冲走了。"师父正在打坐，眼皮都没抬说："随缘。"一转眼半个多月过去了，光秃秃的禅院长出青苗，就连未播种的院角也泛出淡淡绿意，徒弟高兴地手舞足蹈。师父站在禅房前，缓缓地点点头："随喜。"故事讲到这里，想必你也能看得出，徒弟的心态很浮躁，而师父的平常心却成熟而理性。

"师父"的理性与平常心，正是在狂喜与颓废之间飘荡的我们应该学习的。从准备撒草籽到长出绿苗，"徒弟"的情绪一直被外界的种种情况左右，而师父自始至终淡定面对。这种心态的差别，取决于两人的阅历与素质。

浮华中，浮躁的我们可以把李叔同的教诲当成滋润心田的清泉，一改浮躁的现状，那样沙化的心灵才会绿意盎然。

镇静在心，从容处之

> 遇事只一味镇定从容，虽纷若乱丝，终当就绪。

真正的镇静，来自于内心的淡定。一颗躁动不安的心，无论幽居于深山，还是隐没在古刹，都无法安静下来。你的心应是静默的根系，深埋于地下，不被浮躁的一切所蛊惑，只追求自身的安静和光明。

李叔同说过：“遇事只一味镇定从容，虽纷若乱丝，终当就绪。”陆游也有“纸上得来终觉浅，绝知此事要躬行”的诗句。想要做到镇静、淡定，最根本的是要反复地思考，深刻地观察，恭敬地体验，并不断审视、矫正自己的言行。

镇静从容是一种境界。凡事能淡定，绝非易事。北宋苏轼对此十分推崇。有一天，他豁然醒悟，悟出“八风吹不动”，心里十分得意。忙让书童把字送到江对岸的老和尚那里指正。老和尚看后沉默半晌，在下面写了一个“屁”字。苏轼看后不由恼火，过江来评理。老和尚一笑，又添了几个字，成了“一屁过江来”。你看，好胜的苏轼在淡定上就差了点儿。

静是一种显示在外的状态，定是一种一心不乱的心境，一个看事比较淡、不慌不忙的人大都心里有定见，有主心骨；同样，一个一心不乱的人，对很多事也会表现得很镇静。正是心的镇定，才有行的淡。所以要想淡定，首先要能定下心来。只有做到自己心中有数，对任何事都有自己的主见和看法，才能心生定慧，从容淡定。

白云守端禅师曾经在方会禅师的座下参禅，学习了很久依然没有开悟，方会禅师也为他迟迟找不到入手处而着急。

一天，方会禅师带着白云禅师到庙前的空场闲谈。

方会禅师问：“你还记不记得你师父当时是怎么开悟的？”

白云禅师答道：“据说是有一天摔了一个大跟头，突然开悟的。”

方会禅师听完以后，什么也没有说，只是故意发出几声冷笑，扬长而去，白云禅师愣在当场，心里怀疑：“是不是我什么地方说错了呢？为什么大师会耻笑我呢？”

从这以后白云禅师总是想起方会禅师的笑声，几天下来，茶不思饭不想，就连睡觉也常被方会禅师的笑声惊醒。终于，他再也忍受不了内心的煎熬，去方丈的禅房请求大师明示。

方会禅师听他倾诉了几日来的烦恼后，说：“你还记得在空场上表演把戏的卖艺人吗？你跟他差不多。”

白云禅师听后大吃一惊，急忙问：“究竟是什么意思，还请师父指点！”

方会禅师说：“卖艺人竭尽所能，为的是博观众一笑，你却害怕人笑。我那天只不过冲着你笑了一下，你就为此茶饭不思，梦寐难安。像你这样较真的人，连一个表演把戏的卖艺人都不如，怎么能够参透无心无相的禅法呢？你太执着于外境的假象，从而生出得失心，所以才会产生痛苦啊！”白云禅师一听，立刻顿悟。

一个人如果对自己的认识不足，心中没有自己的看法，就会经常受外境的影响。自己的喜怒哀乐都被别人掌控，便是失去了自己。不必太在意别人对你的想法和看法，你活着是为你自己，把外界的印象看淡一些，你生活得才会更轻松。

心中镇静，才能从容。从容是一种自信。只有有了自信，遇事才显得冷静、坦然，即便遭遇突如其来的打击，也能镇定自若、泰然处之。工作或是生活中难免会遇上这样或那样不尽人意、不甚完美的烦琐事情，我们只有抱以冷静和坦然的心态，才能有效地寻求解决问题的办法。面对万事万物能平静地一笑，是一种从容。

为了潜心佛法，云居禅师每晚都会到寺院后面的山洞里坐禅。山下几个调皮的年轻人一直想找机会搞个恶作剧。

一天傍晚，他们藏在云居禅师上山的必经之路上，等云居禅师经过时，一位年轻人从石头后伸出手按在云居禅师的头上。

他们原以为云居禅师会吓得大叫，正等着看好戏，可没想到，云居禅师竟然站着没动，也没什么特别的反应，反而把他们吓了一跳，于是急忙缩回手，灰溜溜地一窝蜂似地往山下跑去。而云居禅师若无其事地继续向山上走去。

第二天，几个年轻人来到寺院找云居禅师，并问他：“大师，

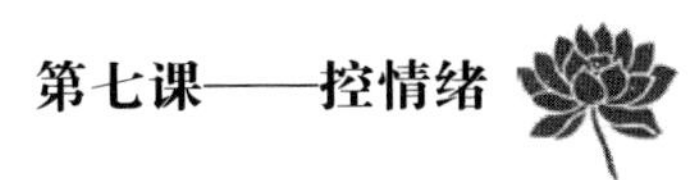

听说最近寺院后的山上经常闹鬼，您说这是真的吗？”

云居禅师微笑着说：“怎么可能有这种事，你们不要信以为真。”

“是吗？可是我们却听说，昨天晚上您在路上被鬼按住头了。”年轻人继续说。

云居禅师听了哈哈大笑起来，说：“昨晚我在山上被按住了头确有其事，不过按我头的并不是鬼怪，而是一些小孩子在跟我开玩笑呢。”

“您为什么这么说呢？难道当时您就一点儿都没有害怕吗？”年轻人不解地问。

云居禅师回答道：“你们难道没听说过吗，将军之勇是临阵不惧，猎人之勇是不惧虎狼，渔人之勇是不惧蛟龙，而和尚之勇就是‘镇静’。我连生死都看透了，又怎么还会有恐惧感呢？”

人生在世不称意的事情十之八九，祸福无常，无论遇到什么样的危险和困难都要处变不惊。留一份镇静在心中，才能抓住更多化险为夷的机会。

第八课——能宽容

宽容待世，豁达舍得

心量要大，自我要小。

生活中难免有烦恼与痛苦，只有放宽心量，看淡一切恩怨，从过去无法放下的困扰中解脱，我们的境遇才能有大的改观。当心量拓展到十分宽广的时候，我们就能从烦恼与忧虑的生活中解脱，开始幸福、喜乐的无悔人生。

李叔同曾说过："心量要大，自我要小。"然而在现实生活中，很多人缺少宽大的胸怀与心量，看到别人穿金戴银、雍容华贵，就心生嫉妒；看到别人有好的工作，好的待遇，又开始顾影自怜，黯然神伤；看到别人业绩好，心里就愤懑不已，与人有了言语上的冲突，就一直耿耿于怀。其实，如果我们放宽心量，用平常心看待这一切，自然会心平气和，不受其侵扰。

心量小的人，对人对事往往只能看到不好的一面，而看不到好的一面；心量大的人，虽然也可以看到不好的一面，但更会看到好的一面，将好的一面长存于心，所以内心总是充满阳光。

“君子坦荡荡，小人长戚戚。”心量小的人，与别人相处总是先观察对方的缺点，并把别人的缺点记在心中；遇到事情也是如此，总是吹毛求疵。这样必然导致他们会做一些损人不利己的蠢事。

这里有一则故事：雪山下住着一只很特别的鸟，这只鸟有两个头，只有一副身躯；一个头叫“迦喽嗏”，另一个头叫“忧波迦喽嗏”。这只两头鸟平日里两个头轮流休息，如果其中一个头入睡，另一个头便负责放哨。一次，迦喽嗏在熟睡，忧波迦喽嗏醒过来，这时一阵风吹过来，把一棵摩头迦果树的花吹到两头鸟的旁边。忧波迦喽嗏想：“我现在虽然独自吃下这朵花，但吃到肚子里，我们两个头都可以消除饥饿了，长精神增气力。”于是他并没有叫醒迦喽嗏，而是独自把花吃了。过了一会儿，迦喽嗏醒过来，觉得肚子很饱，不由自主打了个饱嗝，它觉得很奇怪，于是就问忧波迦喽嗏：“你从哪儿找到的香甜、美妙的食物？吃完之后真是浑身舒服、精神愉快，连发出的声音都变得愈发优美。”忧波迦喽嗏回答道：“你睡着的时候，一阵风把不远处摩头迦果树的花朵吹到我这儿来了。我想虽然是我独自吃它，但我们两个都可以消除饥饿，增长精神气力，看你正在睡觉不忍心吵醒你，就独自把它吃了。”迦喽嗏听了心里十分不高兴，心想：“他碰到好东西，竟然不叫醒我一起吃，竟然独自享受美味。以后我碰上好东西，也不会告诉他。”过了一些日子，两头鸟在一个地方发现了一朵毒花。迦喽嗏想：“好吧！我就把这朵花吃了，我们两个一起死去吧！”他对忧波迦喽嗏说：“你先睡吧！我来看守。”于是忧波迦喽嗏安心地睡了过去。迦喽嗏见他已睡熟，就偷偷摘下毒花，一口吞了下去。过了一会儿，忧波迦喽嗏醒过来，感到全身难受，打一个嗝，察觉到口气中带着毒气，就问：“刚才我睡着时，你是不是吃了什么不好的食物？我怎么浑身难受，觉得自己要死了呢？”迦喽嗏平静地说：“你睡着时，我吃了那朵毒花，我希望我们两个一起死。”忧波迦喽嗏听了这番话，感到大惑不解，问道：“你为何这样鲁莽啊？为什么要做这样的事呢？”说完哀鸣道：“当时你睡眠，花落我身边。我吃美味花，你反把我怨。但愿从今后，不同傻瓜住。损人又害己，同住没好处。”

迦喽嗏认为同伴不顾手足情，因而生出报复心，竟然不懂唇亡齿寒的道理，携同伴共赴黄泉，以解自己心头之恨。其实，放宽心量，用宽容的心看待一切事物，就不会落得这样悲惨的下场。

我们生活中遭遇的每件事都有它的好处或坏处，正面找不到，就从反面找，让心量宽广的方法，就是“找好处”，在遭遇到的人和事上找到好处，我们的心自然就会打开，心量也会越来越开阔；一味地看到不好，心胸就会越来越狭窄。

小沙弥去挑水，回来的路上不幸被蛇咬伤。回寺院包扎好伤口后，小沙弥找了一根长长的竹竿，准备去打蛇。法师看到后，过来询问缘由。小沙弥把事情的经过一五一十跟法师讲了，法师问事发地点在哪里，小沙弥说在寺院北坡的草地上。

法师又问：“你的伤口现在还疼吗？”

小沙弥说：“不疼了。”

“既然已经不疼了，为什么还要去打蛇？”

“因为我恨它！”

“它把你咬疼了，你就恨它，那你把它踩疼了，它也恨你，也该咬你。你们双方因恨结怨，可你是人，应该早些放下心头的怨恨。”

小沙弥一脸的愤懑：“但我毕竟不是圣人，无法做到心中无恨。”

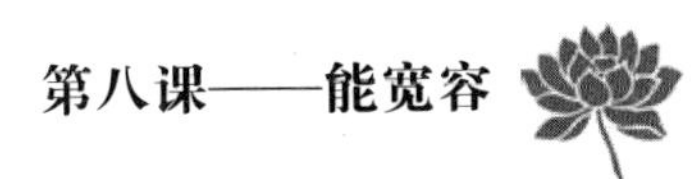

法师笑着摇头道:“圣人不是没有仇恨,而是善于化解仇恨。”

小沙弥激动地说：“难道说我把被蛇咬伤当成是被松果打中脑袋，或者半路被雨淋一样，我就成圣人了？如此说来，做圣人也太容易了吧！”

法师摇摇头：“圣人不只是懂得化解自己的仇恨，更懂得化解对方的仇恨。”

小沙弥愣住了，呆呆地望着法师。

法师解释说：“世人对待仇恨有三种做法。第一种是记仇，等于在心里搁了一块土坷垃，自己一直沉浸在恨意带来的痛苦中；第二种是尽快忘记仇恨，还自己平和与快乐，等于把土坷垃弄碎，施肥浇水在上面种花；第三种是主动与仇人和解，解开对方的心结，等于是摘下花朵赠予对方。能做到第三种，基本上就离圣人的境界不远了。”

小沙弥若有所思地点点头。

不久，北坡草地上出现了一条高于地面的窄窄的石板路，那是小沙弥修建的，从此以后这里再也没有发生过蛇伤人的事情。

心量小的人，只愿接纳占便宜之事，不愿接纳吃亏之事；很多事情看上去很难解决，其实，只要把心胸放宽一些，学会忍让，学会舍得，学会与人分享，问题就迎刃而解了。

心量大的人，得失皆从容，得到时心怀感恩，失去时内心也会坦然接受。

一位师父云游回来，带回一包核桃，师父先掏出一颗给小徒弟。当小徒弟正要敲开吃的时候，师父突然拦住了他，因为师父忽然意识到这是一个教化弟子的好机会。

只见师父又从包里拿了十七颗核桃放在桌面上，他要求小徒弟把这十七颗核桃分成三份：师父一份，师兄一份，自己一份。小徒弟的一份是桌面上数量的二分之一，师兄的一份是桌面上数量的三分之一，师父的则是桌面上数量的九分之一。不能把核桃敲开，也不能剩下。这下小和尚可被急坏了。十七不能被二、三和九整除，无论怎样也不可能按师父的要求分开的呀？他急得抓耳挠腮，还是无计可施。

正当他手足无措的时候，听到师父在一旁叹息道：“要是有十八颗核桃就好办了！”

小和尚是一个非常聪明的孩子，一听这话，顿悟了师父的点化赶紧把手里那颗还没吃的核桃拿出来，凑成了十八颗。这下难题就迎刃而解了。更令他开心的是，最后，他先得到的那颗核桃剩了下来，依然属于他。

这时，师父对徒弟说道："这下你该明白了吧，解这道题的关键是你必须豁达舍得，你要是不能大方地把自己手里的核桃拿出来，你就永远解不开这道题；你要是舍得，你就能很轻易解开这道题。而且，一旦你舍得了你已经有的东西，你往往什么都不会损失。解题如此，与人相处又何尝不是如此呢？孩子，你要记住，人生就是一道道题，时时刻刻你都必须保持超然豁达的心志，有舍才有得。"

退一步海阔天高

何谓至行？曰：“庸行”；何谓大人？曰：“小心”。

《中庸》说：“中不偏，庸不易”；庸行指的是平常生活。到底什么才是尽善尽美的德行呢？就是平常生活、言语行为都能够安分守己，低调行事，不浮夸，不炫耀，不放逸。

大人是指德行高尚、心胸宽广的人。哪种人才能算作大人？生活中，待人、处世、接物不卑不亢，谦卑恭敬，处处小心谨

慎的人。

低调是一种不张扬、谦虚谨慎的生活态度。低调有时候是隐藏自己的能力不显示出来。为人沉稳大方，胸襟开阔能容人，主动吃亏，把名利得失置之度外，常以宽容之心度他人之过，有一颗感恩的心，懂得欣赏别人，待人谦和有礼留余地，不傲慢自居，不恃才放旷。

低调处事，可以更好地保护自己，使自己更好地融入人群，与他人和谐相处，也能让人暗蓄力量、悄然潜行，在浑然不觉中成就事业。

有一个年轻人总是烦恼自己多年来没有进步，于是决定去向禅师求教，他问道："师父，这么多年来我也一直在努力，可为什么就是觉得自己没有长进呢？"

禅师笑了笑说："你先过来喝杯水吧。"于是就拿起桌子上的茶壶，往杯子里倒水。不一会儿水就满了，但禅师并没有停手，依旧往杯里倒水。

年轻人看到杯子里的水溢了出来，整个桌面都被打湿了，连忙提醒道："师父，水已经满了。"

禅师意味深长地对年轻人说："再倒一点儿吧，说不定能更多一些呢！”说完又继续倒了起来。

年轻人觉得很莫名其妙，笑着说：“杯子都已经满了，您还一直往里倒水，肯定是倒不进去的呀。”

禅师紧接着说：“这个道理你也懂呀，可是为什么你还来问我呢？”

年轻人终于领悟了禅师的意思，自言自语地说道：“是啊！人生也是这样，心里装的东西太多了，自然就装不进其他的东西了！”

禅师看他已经有所觉悟，便笑着继续说道：“是啊！世上的很多人只想着往心里装更多的东西，以得到自己想要的。但他们越这样想，就越得不到，因为他们的心已经满了，怎么还能装进去其他东西呢？”

低调处事是一种大智若愚的做人智慧。一方面，适当地放低自己的姿态，我们会变得更平易近人，更容易被别人接受；另一方面，你必须丢掉身份、优越感，才会更容易学会尊重别人，从而得到别人的认可和尊重。只有懂得谦卑低调的人，才能得到人们的尊重，受到世人的敬仰。

低调是常以宽容之心度他人之过：退一步海阔天空，忍一时风平浪静。对别人的过失，给予必要的指责无可厚非，但能以博大的胸怀去宽容原谅别人的过失，就会让世界变得更精彩。

清朝时期，大臣张廷玉老家的人与一位姓叶的侍郎毗邻而居，两家都要起房造屋，为了争地皮，发生了争执。张老夫人一气之下修书北京，让张廷玉出面争地。这位大臣着实见识不凡，看完来信，立马作诗劝导老夫人：“千里家书只为墙，再让三尺又何妨？万里长城今犹在，不见当年秦始皇。”张母见书明理，立即主动把墙退后三尺；叶家见此情景，深感羞愧，也马上把墙让后三尺。就这样，张叶两家的院墙之间形成了六尺宽的巷道，后来成了有名的“六尺巷”。表面上看，张廷玉失去了祖传的几分宅地，但实际上，换来的却是邻里和睦、流芳百世的美名。

以宽处事，以厚处人

处难处之事宜宽，处难处之人宜厚，处至急之事宜缓。

以宽厚之心做人处世，处理急事不紧不慢，你自会发现生活的天地无限宽广，生命的宽度和厚度也会随之增加。莎士比亚曾经说过：“宽恕人家不能宽恕的，是一种高贵的行为。”李叔同坚信，在某种情况下，忍耐也是一种勉励、启迪、指引，它能催人弃恶扬善，也能使误入歧途者重新走入正轨。

处处宽容别人，绝不是软弱，更不是面对现实的无可奈何。在短暂的生命里程中，学会宽容，意味着你的人生会更加快乐。相反，如果人们受到不公平的待遇或很深的心灵创伤之后，对伤

害者产生了怨恨这种带有毁灭性的情感，它就会像化了脓的肿瘤一样不断长大，最终使你失去欢笑，吞噬你的心灵。

心灵的自由是生命的根本。仇恨会让人变得心胸狭隘，会使我们失去一切。

一位画匠在集市上卖画，不远处，在众人簇拥下走来一位大臣的孩子，这位大臣在年轻时曾经欺诈过画匠的父亲，最终使其郁郁而终。画匠一直怀恨在心。这孩子在画匠的作品前流连忘返，最终选中了一幅，画匠却急忙用一块布把它遮盖住，并声称这幅画不卖。

从此以后，这孩子对那幅画念念不忘，久而久之竟演变成心病，眼看着自己的孩子日渐憔悴，这位父亲着急起来，最后，这位父亲出面了，表示愿意付出高价。可是，画匠宁可把这幅画挂在自己画室的墙上闲置，也不愿意出售给自己的杀父仇人。他阴沉着脸坐在画前，自言自语地说：“这就是我的报复。”

画匠平时有个习惯，每天早上，他都要画一幅他信奉的神像，这是他表示信仰的唯一方式。

可是日子一天天过去，他画的这些神像与他以前画的神像之间的差异越来越明显。

这使他苦恼不已，他不断地思考原因，一直没有结果。后来突然有一天，他惊恐地丢下手中的画，跳了起来：他刚画好的神像的眼睛和嘴唇，竟然与害死自己父亲的大臣的眼睛和嘴唇是那么的相似，他生气地把画撕得粉碎。

学会宽容，学会大度，是我们每个人一生必修的功课，整天被不满和怨恨心理控制的人是最痛苦的人。学会宽容别人，也就是学会了爱自己。生活中有许多事当忍则忍，能让则让。

有时候，宽容和忍让会让我们经过一段短暂而痛苦的心里挣扎，但是却能换来甜蜜的结果。

古时候有个叫陈嚣的人，他和一个叫纪伯的人做邻居。有一天夜里，趁着夜深人静时纪伯偷偷地把他家与陈嚣家之间的篱笆拔了起来，往陈嚣家挪了挪。这事被聪明的陈嚣发现后，心想，你不就是想扩大点儿地盘吗，我满足你。他等纪伯走后，又悄悄把篱笆往自家挪了一丈。天亮后纪伯发现自家的地又宽出了许多，内心明白是陈嚣在让他，心中很惭愧，主动到陈嚣家认错道歉，并把多侵占的地统统还给了陈家。要知道，任何人都不可能尽善尽美、尽如人意，每个人都会遇到不顺心的时候，适当地克制自己的情绪，约束自己的过激行为，在别人犯错时能予以谅解，这正是一种有教养的表现，这样做定会使你处处受益。

面对这个世上纷繁复杂的人与事，困难是难以回避的，得体地处理一件事情，不仅需要能力，还需要智慧。通过不同的事务，磨砺涵养德行，提升自己的灵性。

一个人能够原谅他人的过失，对冒犯、侮辱，或是损害过自己利益的人，不予计较，需要有宽宏的度量；而一个人的度量是宽宏还是狭小，不仅取决于他的性格、心地，更取决于他对是非善恶的判断、对自己处境的认识和预见行事后果的能力，还与宽容与智慧、见识有关。很多时候能够宽容他人，是经过理性的思考与权衡之后而做出的抉择。事情的难处可能来自很多方面，需要考量事情本身的复杂程度、外部条件的限制、自己能力的欠缺、人事的牵制等，都要冷静分析，耐心地一步步排除。如果急于求成，只会带来更多障碍。越是和不好相处的人相处，越应该慈和厚道，用身教感化对方。人之初，性本善，难以相处的人大多是由于没有受到良好的教育，不明白做人的道理，我们应该同情他们，善巧方便加以引导。

韩安国，著名的将领，西汉睢阳人，司马迁曾为他立传。他原来在汉景帝之弟梁孝王手下当差，后来因事被捕，被关押在蒙地监狱里。狱吏田甲看韩安国既然已经成为阶下之囚，想必将来也不会有太大的出息了，就常常借故捉弄污辱他。终于有一次，韩安国忍无可忍，在受到污辱之后，愤怒地大喊：“你把我看成熄了火头的灰烬，难道死灰就不会复燃了吗？”田甲则淡定地冷笑一声，鄙夷地说道：“假如死灰真的会复燃的话，我就撒尿马上浇灭了它！”韩安国顿时觉得又气又羞，一时说不出话来。

后来一次偶然的机会，一直看好韩安国的太后得知韩安国被关押在狱中，亲自下诏要梁王立刻起用韩安国。这时韩安国不仅被立即释放，还因祸得福，升任为梁孝王的“内史”。

狱吏田甲知道这件事后怕对方报复，仓皇失措之下连夜逃跑了。韩安国听说了狱吏田甲弃官逃亡的消息，便故意吓唬说，田甲如不赶快回来，就要把他的一家老小全部杀光。无奈之下，田甲只好硬着头皮回来，光着膀子向韩安国当众请罪。韩安国故意调侃他说：“现在死灰已经复燃了，你可以撒尿了……”田甲吓得面如土色，连连磕头求饶。韩安国却淡然一笑，说：“像你们这些人值得我惩办吗？”不仅放过了田甲，而且还善待了他。

韩安国不杀田甲，是一种智慧的抉择。此时，韩安国已经出人头地，而那个曾经侮辱过自己的人仍是个小狱吏。韩安国若是为报复而杀他，简直是易如反掌，但这一刀下去，一个心胸狭隘、睚眦必报的横暴形象，也就活脱脱显现出来了。他以德报怨，则显示出其大丈夫襟怀，赢得了人心。从他如何对待曾经侮辱过自己贬低过自己的人，如何对待损害自己尊严的位卑者，不仅可以看出他的雅量，还可以看出他处世的智慧。多一个朋友总比多一个敌人好，以宽处事，以厚处人，这才是一种两全其美的好事。

第九课——学“舍”“得”

舍一份虚荣，得一份真相

欲除烦恼须无我，各有前因莫羡人。

李叔同经常教导世人不要过分贪图名利虚荣，而是要依靠自己的本心生活。南闽十年，正是李叔同明倡佛法，广结善缘之时。法师当时已经在海内外各界人士中享有极高声誉。越是声高名重，李叔同反而越谦虚谨慎。在他身上看不到任何骄傲自满，岂止如此，法师平时对待自己简直是苛刻异常。

求一份淡泊，舍一份虚荣，得一份真相，收获充实人生。

“欲除烦恼须无我，各有前因莫羡人”。大凡想真正成就一番事业的人，必须舍弃虚荣，培养德行，达到对人生淡泊的境界。淡泊是“登山则情满于山，观海则意溢于海”的一种情怀，是“行到水穷处，坐看云起时”的人生态度，是一种雅趣、一种乐观、一种洒脱，更是一种气韵！淡泊是从容、祥和、谦逊的人生态度。现实生活中，经常有一些人自以为才高八斗、学富五车，总想金戈铁马、乘风破浪，或是战天斗地、壮志凌云，梦想着搞点儿惊天动地的事儿出来。然而，成功不是一蹴而就，更不可能唾手可得。其实古今许多受后世敬仰的名人一生所求便是“淡泊”二字。杨慎的“是非成败转头空，青山依旧在，几度夕阳红……古今多少事，都付笑谈中”，苏轼的“故国神游，多情应笑我，早生华发。人生如梦，一尊还酹江月”，他们都是淡泊者，颜回“一箪食，一瓢饮，在陋巷，人不堪其忧，回也不改其乐”更是安贫守道，淡泊人生的典范。

有个年轻人，为求“舍弃虚荣”的秘诀，不惜跨越万水千山、大漠荒戈，终于来到智慧老人居住的城堡，向智者求教，见到老人后，他即刻说明来意。老人让年轻人拿起一把盛满油的汤勺，然后去城堡各处走动，并要求年轻人绝不能漏掉一滴油，年轻人回来后，智者走近一看，果然一滴油都没漏掉，但是当问他都看到了什么时，年轻人说：“我只顾看手中的勺了，哪里还顾得上看别的。”老人于是让他再走一遍，这次要留意城堡内的一草一木。年轻人回来后，对一路上看到的大小事物说得很详细、很具体，可是再看勺中的油却漏的一滴不剩。这时老人

对他说：“等你真正舍弃了人世间的虚荣，你才可以看遍全世界，而永远不忘记你手上还有一勺油！”这是一个深具人生哲理的故事，一勺油虽没什么大的价值，却是掌握在我们手中的东西，就像家庭、朋友、亲情、事业、社会一样。盲目的虚荣只会给自己带来伤害，给家庭带来负面情绪，给朋友和亲情带来不必要的负担，使这个社会更浮躁。所以千万不要让自己陷入盲目的追逐欲中，以至于迷失自己，错过人生本来的美好。

做到不求利养、心无旁骛，才能舍弃虚荣贪欲，达到静心的境界。

如果人们对名看不开，面对赞歌或毁谤就会心随境转，喜忧难安；如果我们放不下利益，面对富裕或贫困，就会患得患失。能够不受外在虚荣名利的影响，才是真正淡泊名利，让自己的内心富足安详吧，不要再于名利烦恼中浮浮沉沉，舍一份虚荣，才能得一份真相。

“舍”的智慧

该舍便舍之。

伏尔泰说，使人疲累的不是远方的高山，而是鞋里的一颗沙子。在人生的道路上，我们必须学会适时倒出“鞋里”的那颗“沙子”。这小小的“沙子”就是我们需要“舍”的东西。什么也不愿意放弃的人，很可能会失去更珍贵的东西。

放弃是一门学问，一种艺术，只有懂得放弃的人才能拥有更多。快乐的人“舍”掉痛苦，高尚的人“舍”掉庸俗，纯洁

的人“舍”掉污浊，善良的人“舍”掉邪恶。聪明的人勇于放弃，高明的人乐于放弃，精明的人善于放弃。

放下一些人生相对来说不重要的东西，才能肩负更大的重任，明白什么时候该舍弃的人才是聪明的人。人生需要放下，放下功名利禄，放下忧愁烦恼，从而得到快乐宁静。

攀登雪山的运动员都遵循一个原则：在攀登过程中，需要不断地扔掉自己在登山前认真准备的装备，直到全部扔完。世上的多数事物，无论费多大心机，花多大的力气，即使能够拥有，也只是暂时的。

曾看到过一幅漫画，一只瘦狐狸从篱笆上的小洞偷偷钻进了葡萄园。它大吃大喝了三天，吃光了葡萄园里所有的葡萄，身材也变得臃肿不堪，已经没法从来时的小洞钻出去了。后来，聪明的狐狸饿了三天，顺利地从小洞爬了出去。

列夫·托尔斯泰在小说《一个人需要多少土地》里，讲了这样一个故事：贪得无厌的帕霍姆，最终在用脚丈量土地的贪欲中吐血而死。他的仆人发现，“帕霍姆最后需要的土地只有从头到脚六英尺（约 1.828 米）那么一小块。”

明白了生命和世事的无常，便会舍得；能够舍得，才不会被物欲所奴役，才能够明白生命的本质。只有适时的舍得，才可能找到生命快乐的源泉。

人生如剪纸，及时取舍才能缔造完美。

身在俗世的我们，为了名利，往往会做人生的加法和乘法，但很难做到拿捏有度，进退得当。我们常问幸福在哪里，以为付出越多，收获就越多，幸福就越多。其实人生的面向有两个，一个是“取”，一个是“舍”。盲目追求前者，会很疲惫；只求后者，会迷失、会空虚。

放下，是美好生活的必需。人生没有局外人，却有局外心。出世者，都能拥有一颗局外心，以成就自我，也帮助他人找寻内心的安顿处。出世哲学虽不反对精进有为，但也提醒人们要懂得“舍”的时机与价值。

人生在世会有许多欲望，对于所有的欲望和冲动，要学会理智面对，一切随缘，以平常心待之。曾看过这样一个教育人的故事：

“过年的时候，丛林中有分橘子的习惯，当库头的把橘子分成一堆一堆，里面有大也有小。轮到你时，不要刻意去挑。原因是什么呢？你如果故意挑大的，那是贪利；如果你故意挑小的，那是贪名。有人客客气气，是为得好名；有人从不愿意吃亏，是贪心在作怪。”

可见，做人做事要顺其自然，不刻意，不做作，要舍弃追逐的欲望。

我们常说，幸福不在于拥有得多，而在于计较得少。判断一个人是否幸福快乐，更多的是看他能否从物欲中解脱出来。

面对自己拥有的东西，常怀一颗感恩的心，生活将充满幸福。其实感恩就是一种给予的精神，一种回报的态度，一种乐观积极的“舍”。我们生活在人世间，只有学会感恩，懂得取舍，生命才会更加多彩。

“得”的自在

舍中有得，得从舍来。适时的取舍才能不受烦恼牵绊，才能自在。

现代社会发展是日益精进的，在物资极为丰富的今天，为什么大部分的人依然在痛苦中跋涉呢？为什么我们整天愁眉苦脸，身陷缧绁，无法自拔呢？只因我们的欲望太多，诉求太多，永远都在高攀力所不及的目标，只有及时放下那颗贪婪的心，懂得知足于眼前的幸福，才能豁然开朗，仰望湛蓝天空。只有舍掉无限欲望，才可得清净自在。

面对人生的顺境时，舍掉物质上的贪心。舍得金钱，才能抵御形形色色的诱惑，获得精神上的富足。一味地追求物质，会让你忽略生活中的美好。在衣食无忧的前提下，放掉你的贪婪，适时而止，给心一个停靠的驿站。难道驻足欣赏路边的美景，享受夕阳西下的携手漫步，钟情于粗茶淡饭的家常情趣，就不是快乐的生活吗？任喧嚣的噪声萦绕，却独守内心的自在，全凭一颗知足的心，一种上善若水的赤子情怀。

舍弃精神上的贪念。人不能被贪婪的心所累，人都是一边想舍掉烦恼，一边想得到自己想要的东西，如果放在现实中考量的话，这显然是不可能的。精神上的贪念是引起所有烦恼的根本。舍不下根本，只想让所有人和事满足自己，这样的好事显然是不会时时发生的。因此，我们要舍掉的是最根本的东西，也就是精神上的贪念。

面对人生的困境时，坦然面对得失。没有舍，就没有得，舍中有得，得中有舍。鸣蝉勇敢地甩掉了束缚自己的外壳，换来了在树上高歌的自由；壁虎在危险的时候，果断抛弃自己的尾巴，最后保全了自己弱小的生命……贾平凹说：“舍与得实在是一种哲学，也是一种艺术。”

舍得功名，耐得住寂寞，才能坦然面对进退荣辱，拥有内心的淡泊与宁静，才能达到不为功名所扰、“宠辱不惊”的人生境界。

唐太宗时期，有个叫卢承庆的人，为官清廉，做事认真，讲求实际。他的职位是考工员外郎。他的工作主要是负责考察官员。当时，考察官员设定的有级别标准，大致分成上、中、下，然后每一级再细分上、中、下，比如最好的是上上，稍微差一点儿的是上中，以及中中、中下、下下等。有一天，卢承庆考核一个监督运粮的官员。这个人在运粮过程中，由于翻船不少粮食都掉进了河里。所以，卢承庆只给他一个中下，“没给你弄个下下就算给足你的面子了。你把船都弄翻了，国家的粮食损失了那么多，所以只能给你中下这个评价了。”可是，这个运粮官得到个中下的评语，并没有生气着急，反而谈笑自若，该怎么着就怎么着。卢承庆心想，我给他一个这么低的评价，他都没生气，证明他认识到了自己的错误，这人还不错；从这点上来说，这个人有认错表现，也算有责任心，还是改个中中吧。改成中中后，这个运粮官也没表现出很高兴的样子。卢承庆心想这个人太绝了，“宠辱不惊”，无论外界怎样，他都能坦然面对。他又调查一番后发现，那次翻船，不是他管理不善造成的，而是因为当天突然遇到大风，把粮船都给吹翻了。总之，不是人为的原因。卢承庆一想：我给他中中看来也不太合适，又改成了中上。这个运粮官还是没有因此而特别兴奋，还跟以前一样淡淡地笑着。从此卢承庆对他甚为看重，之后在吏部考核的时候，就注意提拔了他。

其实，卢承庆本人也是一个宠辱不惊的人。他认为作为一个官员，主要是为国尽忠，官职是升是降都不用太在乎。他最

初做过考工员外郎，后来升职到尚书左丞，最后还做过兵部侍郎，由于敢于上谏，惹怒了皇上，被贬出去做简州司马。做简州司马的时候，卢承庆一点儿也没表露出生气。后来，朝廷又把他调回朝中做刑部尚书，卢承庆也没有因此特别高兴。

舍得是一种豁达的智慧，包含着是拿得起放得下的情怀。善于舍弃，包含着审时度势的大智慧，当断则断的足智多谋。扬长避短，壮士断腕，两利相权取其重，两害相权取其轻，因此，“舍”本身就是“得”。古人云：“退一步海阔天空。”善于舍弃，主动往后退一步，反而能获得更多的自在，拥有更广阔的心灵空间。

第十课——近情感

百事孝为先

哀乐之长逝兮，感亲之恩其永垂。

在中华民族，孝的观念源远流长。孝道，是中华民族的一种传统文化，包括关爱父母长辈、尊老爱老、赡养老人等，是中国社会的基本道德规范。公元前 11 世纪以前，甲骨文中就已经出现了“孝”字，《诗经》中则有“哀哀父母，生我劳瘁”的咏叹。《尔雅》一书中曾说：“善事父母为孝。”汉代贾谊的《新书》是这样界定的：“子爱利亲谓之孝。”东汉许慎在《说文解字》中解释道：“善事父母者，从老省、从子，子承老也。”中国古代有“三年丁忧”之说——父母去世了，你必须在家乡守三年，守在父母坟头。如果你是个官员，就必须解职，回家三年完成丁忧。可见，自古以来，人们都把孝顺看作人类应该具备的基本道德品质和必须遵守的行为规范。

李叔同更是十分注重孝道。李叔同五岁时，父亲就因病去世，此后便与母亲相依为命，因此李叔同在精神上十分依赖母亲，他平日里与母亲感情极好，对母亲更是极尽孝道，因为念其母不是父亲的正室夫人，他格外体谅母亲孤苦无依与难以为外人道的情感，不惜携母南下上海，住城南草堂，为的是给母亲一个安静舒适的环境以慰其心。后来，李叔同的母亲王氏在上海病逝。母亲的去世给当时风头正劲的李叔同很大的打击，从小到大，他几乎是和母亲寸步不离地生活在一起。母亲离世时，李叔同正外出为母亲预置寿木，母亲临终前不在身畔，这也成为他心头最大的遗憾。他曾数次对友人说：“我的母亲一生很苦，母亲不在的时候，我正在买棺木，没有亲送。我回来，她已经不在了！”言语之间，流露着无限的遗憾之情。失去母亲，对于年幼丧父的李叔同来说便是失去了所有的抚爱，这是任何东西都替代不了的。

母亲去世后，为了让母亲归葬于李家的祖坟，李叔同与妻子一起带着幼小的孩子，护送母亲的灵柩回到了天津。随后，李叔同为母亲举行了一个相对西式的丧礼。据记载，葬礼改变了旧式葬礼的烦琐陈规。由吊唁者致悼词，李叔同自弹钢琴，众人合唱悼歌以寄托哀思。而且，跟老式葬礼不同的是，由以

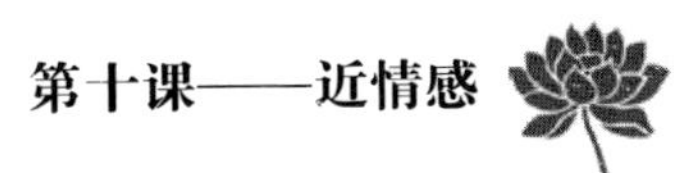

前参加者着白色孝服，而改为全家穿黑色的丧服为母亲送葬。

母亲去世后，他悲痛万分，改名李哀，号哀公，屏谢余物，闭门守哀，常常感叹“幸福时期已过”。

出家后，李叔同斩断一切尘世情缘，唯独难以割舍对母亲的感情。他在《送别·我在西湖出家的经过》一文中说：“二月初那天，是我母亲的忌日，于是我先两天就到虎跑去，在那边诵了三天的《地藏经》，为我的母亲回向。”从此以后每逢亡母重要的冥诞，他都会书写《地藏经》，以此功德，回向亡母。

在李叔同创作的诸多歌曲中，有一首《梦》，表达了他对双亲的追思和想念：

哀游子茕茕其无依兮，在天之涯。

惟长夜漫漫而独寐兮，时恍惚以魂驰。

梦偃卧摇篮以啼笑兮，似婴儿时。

母食我甘酪与粉饵兮，父衣我以彩衣。

月落乌啼，梦影依稀，往事知不知？

汩半生哀乐之长逝兮，感亲之恩其永垂。

哀游子怆怆而自怜兮，吊形影悲。

惟长夜漫漫而独寐兮，时恍惚以魂驰。

梦挥泪出门辞父母兮，叹生别离。

父语我眠食宜珍重兮，母语我以早归。

月落乌啼，梦影依稀，往事知不知？

半生哀乐之长逝兮，感亲之恩其永垂。

这首歌将世间的父爱、母爱尽情抒发，人人都能从歌中感受到亲情之爱，并生出慈乌反哺之心。

李叔同受儒家思想影响至深，即使他后来出家当了和尚，也是一个儒僧，而儒家极其重孝，“孝道”是儒家之本，尽“孝”不仅是儒者的人生首要责任，更是人生意义和价值所在。《论语》《孝经》等书记载了孔子在这方面的大量言论。中国人的重“孝道”，也成了区别于其他民族的最大特点。“孝”作为华夏民族的传统道德观念，经由儒学的发扬，以及历代帝王的大力提倡，确实是深入民心，不可动摇。

孔子在《孝经》中说："夫孝，天之经也，地之义也，民之行也"；"人之行，莫大于孝"；"夫孝，德之本也"。孔子认为，子女孝顺父母是天经地义的事，是德行的根本，是人们应该身体力行的。可见孔子对孝道的推崇。《论语·为政》里曾记载了孔子的诸多弟子向他问孝的事情。子游问孝。子曰："今之孝者，是谓能养。至于犬马，皆能有养。不敬，何以别乎？"对子游的发问，孔子解释得极有道理。关于具体行孝的方法，孔子着重突出了一个"敬"字，非常精辟到位！子夏问孝。子曰："色难。有事弟子服其劳，有酒食，先生馔。曾是以为孝乎？"孔子明确指出在侍奉父母时，必须做到和颜悦色。在他看来，子女对父母的态度十分重要，子女孝敬父母，必须是出于敬爱之心，且真心实意，而不是勉强而为。

人世间最大的痛苦莫过于"子欲养而亲不待"，但是在现代社会里，我们反而很难与父母达成真正良好的沟通。古人说"父母在，不远游"，然而从小到大，我们真正和父母待在一起的时间又有多久？当我们长大成人，可以自主打理自己的生活后，陪父母老去的这个阶段，加起来可能也就是三四年时间。我们都急着去外面建立自己的交际圈，拼事业、打天下，或许成功，或许失败，但无一例外，我们在家的时间越来越少了。父母的付出与我们对父母的回报，在很多时候是不对等的。这样一比较，现在的父母真的不一定有古代的父母幸福。

对于中国社会来说，这是个很让人担忧的问题，子女外出工作，空巢老人在家缺少关怀与照顾而引发的社会问题逐年增多。关于事业和家庭的选择，有句很有名的话："鱼我所欲也，熊掌亦我所欲也，两者不可兼得。"在事业和家庭，其实不存在哪个是鱼，哪个是熊掌的问题，因为它们同样很重要。到了一定的年纪，无论你的事业立还是没立，都应该把生活的重心慢慢调整到家庭上来了。伟人的成功是事业，我们做一份平平淡淡、波澜不惊的工作，也是事业，毕竟这个社会还是普通人居多，马云只有一个，我们不可能每个人都去做马云，但是，我们的家庭、父母却永远是唯一的，所以，我们应该对父母尽孝。不要再拿工作忙、生活压力大当借口，逃避父母的关心了！我们为人儿女的就应该从现在开始，用心聆听李叔同的《梦》，把父母放在心上，在力所能及的范围内为父母尽孝。一个"孝"字远比事业上的成功来的重要，因为一个对父母没有尽孝道的人，无论他的事业多么成功，他都是精神乞丐、道德残疾。

朋友，一生修行的伴侣

君子之交，其淡如水；执象而求，咫尺千里。

“君子之交淡如水”一说出于《庄子·山木》，是流传至今并为人尊奉的古训。君子之交淡如水，指的是君子之间的交情，平淡如水，不尚虚华。君子之交是心与心的交流，是一种与天地共存的默契，如丝缕般紧密交织在一起。而因为利益或者浮华交织在一块的酒肉友情很快就会被遗弃。通俗地来说那些真正的朋友，平时虽交往淡淡，话语浅浅，内心感受到的却很多，两个人的关系也纯到极致，是万丈红尘中难得的知与解。当你遇到困难的时候，意想不到的帮助常常出自他们，而你富贵的时候，他们一般不会掺和。所以，人与人之间不苛求、不强迫、不嫉妒、不黏人、没有猜疑，才能安然相处，不给彼此带来负担。真正的朋友不必太多，但一定要是良友，君子之交不在其华，而在其淡。“淡”指的是清澈，不含任何功利之心，所以君子之间的交往纯属友谊，长久而亲切。

在李叔同的一生中，与夏丏尊之间的友情堪称君子之交的典范。

夏丏尊，原名铸，字勉旃。浙江上虞人，近代文学家和教育家。民国建立后，社会上盛传要进行普选。他不愿意当选，便以“丏尊”代替读音相近的“勉旃”，故意让选举人在填写“丏”字时误写为“丐”而成废票。夏丏尊于1905年负笈东瀛，当时他才十九岁。入东京宏文学院两年后，他考入东京高等工业学校，因未领到官费，于1907年辍学回国。回国后，在浙江省两级师范学堂任舍监、司训育，同时兼授国文、日文。1912年李叔同来校执教后，两人一见如故、意气相投、情同手足。虽然李叔同比夏丏尊年长六岁。但由于李叔同比较爽朗、豁达，夏丏尊比之于李叔同又显得老成稳重，所以俩人几乎没有年龄上的隔阂。他们很快就成了无所不谈的好友，对很多问题的见解也出奇的一致，彼此的言行都会给对方带来很大的影响。

1913年的一天，为躲避来学校演讲的一位社会名流，李叔同和夏丏尊到西湖的湖心亭里去喝茶。对饮闲谈时夏丏尊随口对李叔同说：“像我们这种人，出家做和尚倒是蛮好的。”当时，李叔同的内心与西湖的空山灵雨颇能契合，他已全身心地投入他所喜欢的图画、音乐教学之中。对于夏丏尊随意的一句话并没有放在心上，可是最终李叔同的出家，夏丏尊却摆脱不了干系。

1916 年的一天，夏丏尊从日本杂志上看到一篇题为《断食的修养方法》的文章。文章中讲到断食是“身心更新”的修养方法，能使人除旧更新，摒弃恶习，生出伟大的精神力量。后来夏丏尊与李叔同闲谈时偶然提起这篇文章，李叔同却对此产生了很大的兴趣。当时他患有神经衰弱症和肺病，十分苦恼。事后李叔同在《送别·我在西湖出家的经过》一文中曾提到这件事：“我于日本杂志中，看到有说关于断食的方法的，谓断食可治疗各种疾病。当时我就起了一种好奇心，想来断食一下，因为我那个时候患有神经衰弱症，若实行断食后，或者可以痊愈，亦未可知。”于是在 1916 年到 1917 年的寒假期间，李叔同避开亲朋好友，到杭州的虎跑定慧寺开始了他历时十八天的断食试验：第一星期逐渐减食，第二星期只喝清水，第三星期由简单的粥汤逐渐恢复到正常饮食。断食期间，每日静心临写魏碑。在他全断食的那几天，他觉得心地非常清凉，“感觉特别轻快灵敏，能听平常不能听到的，悟人所不能悟到的。真有点儿飘飘然的感觉呢！”经过这次尝试，李叔同皈依佛门的信念更加坚定，从此以后开始吃素、念珠、研读佛经、供拜佛像。值得注意的是，这次李叔同到定慧寺断食，夏丏尊并不知情。可是开学时却一直不见李叔同的踪影，打听之后才知道李叔同住进了定慧寺。夏丏尊去定慧寺看望李叔同时，忍不住埋怨他：“你这样做，为什么不告诉我？”李叔同回答说：“跟你说我就来不成了。况且事先让别人知道，容易发生波折。”夏丏尊听了他的话，气得竟说不出一句话来。他十分后悔当初把那篇断食的文章拿给他看，每每想起来，都会感到追悔莫及，十分愧疚。

1918 年的 7 月 1 日，李叔同在定慧寺住了半年之后，正式辞去了两级师范的职务。但法师当时并没有给他剃度，是想让他在寺中住一段时间仔细斟酌后再做定夺。8 月初，夏丏尊又到寺中看望他，看到他仍然穿着一身俗家的衣服，一头的黑长发，就打趣道：“看你这不僧不俗的样子，哪里像个和尚！”本来夏丏尊是想用这话刺激他回学校去，不料李叔同却当了真，半个月后就剃度为僧了。

1942 年 9 月，李叔同给夏丏尊留下遗偈云：“君子之交，其淡如水。执象而求，咫尺千里。问余何适，廓尔忘言。华枝春满，天心月圆。”表达了对君子友情的珍视之意和对自己精神追求的欣慰之情。

李叔同的“天涯五好友”中有位叫许幻园的。《送别》这首歌词，也是为这位好友所写。在一个大雪纷飞的冬天，当时的旧上海一片凄凉；许幻园站在门外喊住李叔同怆然说道：“叔同兄，我家破产了，咱们后会有期。”说完，挥泪而别，连好友的家门也没进去。李叔同眼见自己的昔日好友渐渐远去，心中怅然若失，在雪里站了整整一个小时。随后，李叔同返身回屋，把门一关，他含泪写下：长亭外，古道边，芳草碧连天……问君此去几时还，来时莫徘徊……的传世佳作。

我们的一生中会遇到很多人，有的形同陌路，有的擦肩而过，有的陪我们走一段路后渐行渐远。是缘分还是偶然，并不得而知。然而，心中却因此平添了几分温暖。有些话，原本只是说给自己听，竟然有人解了，便觉得内心有了淡淡的喜悦；有些想说而不曾说的，想说而不能说的，竟被人洞察明晰，心境也因此安静了下来。有时，自己感受到的，对方想必也能够感受到吧。真正的朋友不需要虚伪的话语，不需要客套的联系，只需要真诚相对，相知相惜。

投以木桃，报以琼瑶

余钱剩饭，尽可救人之饥；旧絮粗衣，亦可救人之寒。

社会上那些忘恩负义之人加深了社会道德危机。当人们的心胸狭窄，只懂索取，不懂回报，当呈现出这样消极的姿态时，我们需要一种积极的态度来面对这种道德危机。

那便是：滴水之恩，当涌泉相报！

“投之以桃，报之以李”，“滴水之恩，涌泉相报”，这是中国的古训，这些话真挚地传递着人们的感恩之心、感激之情。

韩信，西汉初期一位叱咤风云的人物。他本是淮阴人，出身贫寒，自幼父母双亡，而且性格放荡不羁，不拘礼节。他家里没什么钱，既没有可能被推荐做官，又不会经商、种地，因此一直过着贫困潦倒的生活，常常是吃了上顿没下顿，只能依靠别人救济度日，这家混一顿，那家蹭一餐，所以很多当地人都很讨厌他。

后来，他为了生活，只好到淮阴城的河边去钓鱼。那里经常有成群的老妇人在冲洗丝绵，其中一个老太太看他饥肠辘辘的样子十分可怜，就把自己的饭分给他吃，一连十几天都是这样。韩信内心非常感动，就对老太太说：“总有一天我一定会报答您的。”老太太听了十分生气，大声斥责韩信说：“堂堂七尺男儿，你连自己都养活不了，我是看你可怜，才给你饭吃，哪指望你报答我啊？”韩信听了十分惭愧，立志要闯出一番事业来。

他每天专心研读兵法、练习武艺，静待机会的来临。秦末战乱，他投奔了刘邦的汉军，做了一个负责押运粮草的小官。后来，他认识了刘邦的谋士萧何，渐渐由一名运粮官升为将军。

在后来的几年时间里，韩信协助刘邦平定三秦之地，取得了对楚作战的胜利；连续灭魏、徇赵、胁燕，平定齐国；最后，把项羽逼退到垓下，自刎而死。刘邦也因此封韩信为楚王。韩信回到楚国后，找到当年分给他饭吃的那位老太太，赠送她黄金一千两，以报答当日赠饭之恩。

受人恩惠，切莫忘记。卢梭曾说：“没有感恩就没有真正的美德。”羊有跪乳之恩、鸦有反哺之义，感恩也应该是人的本性和良知。当你的人生处在最艰难的时候，一点儿小小的帮助，是非常难能可贵的，因为你得到的，不只是帮助，更多的是一点儿光亮、一线希望，它为你在无尽的黑暗中，照出一丝光亮；它为你在人生的绝境中，提供一线生机。“滴水之恩，当涌泉相报。”记住别人给予你的每一缕善意的微笑，记住每一份源于心底的感动。无论你在什么样的情境下，永远不要忘记那些曾经帮助过你的人，这样你拥有的不仅是一双援手，还有一种世间独有的温暖，还有一颗纯粹、感恩的心。慢慢地你会发现，生活中因有了感恩的心而多了欢乐、真诚，少了虚伪、欺骗、伤害……

我们来到人间，要懂得感恩父母的生养；我们入学求知，要懂得感恩师长的教诲。我们的每一天，都离不开亲朋好友的支持和关爱；我们工作中的每一步，都离不开同事的提携和帮助。从呱呱坠地的那一刻开始，我们就得到亲情的浇灌和社会的容纳，即使出身再卑微不堪，生活再贫困，在成长的过程中，也一定有值得感恩的人和事。我们沐浴的阳光、呼吸的空气、领略的山水，哪一样不是大自然的恩赐？所以只要善于珍惜和

感悟，我们对家庭、对社会、对自然一定会油然而生感恩之心。

牢记别人的“滴水之恩”，要具有一颗宽容的心和崇高的境界。

别人扶了你一把，也许你会很快忘记；别人踩了你一脚，也许你就会永远记在心中。我们总是更容易记住别人的缺点和错误，因为别人怠慢我们而耿耿于怀，却忘了，别人恰恰是一面镜子，我们对它凝眉瞪眼，镜子反射回来的也是只会瞪眼凝眉，久而久之，就互相看不顺眼了。

当别人对你不敬的时候，你记住别人的好处，哪怕是点点滴滴的好处，你都默默记在心中。你心中的怒气慢慢的就烟消云散了，心胸也自然开阔了。量小失友，度大聚朋。有了宽阔的胸襟、宽宏的度量，才能赢得亲朋好友的信任，进而增进团结，密切友谊。

记住别人的好，能培养自己谦虚的品质。人无完人，对人宽容就是对己宽容；善待别人，就是善待自己！能记住别人“滴水之恩”的人，往往懂得见贤思齐，虚心学习他人的优点和长处，所以自己身上的“好处”也越来越多，人缘也越来越好，无形中就拥有了更多的精神财富。

朋友之间，记住别人的好，我们能拥有更多的朋友。家庭成员之间，记住别人的好，这个家庭会其乐融融。记住别人的好，拥有一颗宽容、感恩的心生活，远比记住别人的缺点和毛病，怀着一颗怨恨的心痛苦地生活要强上一万倍。既然如此，我们为什么不记住别人的好呢？

父母的养育之恩，师长的谆谆教诲，朋友的关心，同事的热心帮助，领导的信任，等等，都是我们成长进步的重要因素。但难就难在受到帮助之后，能不能有感激之情，会不会有涌泉相报之举。

如果我们能记住别人的好，对别人的缺点宽容一点儿，那么就会看天是蓝的，看水是绿的，心情是愉快的，世界是美好的。

“投以木桃，报以琼瑶”应该是我们为人处世的准则，无论时代如何变化，美德都不会改变，愿我们都能做一个知恩图报的人。